江南大学产品创意与文化研究中心、中央高校基本科研业务费
专项资金（2017JDZD02）专项资助

中国家电设计三十年
历史、特征及思考（1949-1979）

周敏宁　著

U0300832

中国建筑工业出版社

图书在版编目（CIP）数据

中国家电设计三十年历史、特征及思考：1949-1979 / 周敏宁
著. —北京：中国建筑工业出版社，2018.12
ISBN 978-7-112-23119-5

Ⅰ. ①中… Ⅱ. ①周… Ⅲ. ①日用电气器具－造型设计－
研究－中国－1949-1979 Ⅳ. ①TM925.02

中国版本图书馆CIP数据核字（2018）第296057号

本书是研究1949-1979年，中华人民共和国成立后至改革开放前中国计划型经济体制下工业生产相对较为封闭时期家电产品造型特征及衍变的学术性研究论著，并非一部简单讨论产品造型发展变化的设计史著作。中国家电是中国早期众多工业产品体系中极具代表性的一个，它的发展历程蕴含了科学技术的发展、工业化生产、国家经济制度的变迁、人民生活水平的提高和社会思潮转变等多种因素。研究时间避开80年代后改革开放全线引进国外生产流水线对本土因素的影响，并推衍至中华人民共和国成立前中国主要种类家电生产技术的来源及生产厂家的变迁，更好地反映中国工业发展模式下家用电器的一个本土化改造、设计、生产进程，指出周边工业产业对家电产品造型形成的影响，社会工业整体发展水平对家电产品造型演变的促进和制约。本书可供中国工业设计史论研究者及中国国货研究与国货元素活化设计者阅读参考。

责任编辑：吴 绫 贺 伟 李东禧
责任校对：王宇枢

中国家电设计三十年历史、特征及思考（1949-1979）
周敏宁 著
*
中国建筑工业出版社出版、发行（北京海淀三里河路9号）
各地新华书店、建筑书店经销
北京锋尚制版有限公司制版
北京建筑工业印刷厂印刷
*
开本：787×1092毫米 1/16 印张：13½ 字数：250千字
2019年6月第一版 2019年8月第二次印刷
定价：68.00元
ISBN 978-7-112-23119-5
　　（33198）

前　言

　　第二次工业革命后，在世界电器工业发展的大背景下，电器产品随着殖民者的脚步进入了中国，并伴随着中国各地电厂的建立、电力网的覆盖，电器产品逐渐融入中国普通人民的生活中去。

　　通过对中外家电产业产生历史的史实分析，对比得出西方国家是以近代科学的带动、电磁学科逐步发展的基础上出现用电设备的制造，并形成家电的生产；而中国是先由租界中舶来家电设备的引入，随后建立电厂、电台等周边设施以供舶来家电用电运行，是一个外来的"技术嫁接"行为。中国家电产品经历了从"以商兼工"仿造、进口零件组装、自制生产直至发展为自有风格这四个阶段，期间伴随着中国家电生产企业民营、军有、国营等多种技术背景及经济成分多元化糅合：民族工业的"仿制洋货"经验继承、军工厂的军品制造技术介入、中华人民共和国成立后通过军事接管、公私合营、统一规划发展国营家电企业、通过国营家电企业的生产带动周边产业、到改革开放引进国外家电生产线逐步变为代工厂。描绘出家电产品在中国以舶来品的面貌"植入"中国人的生活、受到时代背景下的多种因素影响、造型来源多样化的特点。

　　本书基于时代背景下中国家用电器发展的纵向历史发展历程、同时期世界家电产业发展的横向对比，集中选取并梳理了电娱类家电、电动类家电、照明家电等出现较早、产量较大、受科技要素、工艺条件、相关支持产业、生产企业体制和国家经济体制影响较大的家电品种来分析中国家电造型产生原因及演变轨迹。

　　中国家电产品整体发展状况为：出现的时间不一，技术成熟有早晚，在时代因素的影响下，电娱、照明类家电发展较好；而制冷、电动类家电发展则较为迟缓。通过将家电产品分类进行结合其产业背景和相关技术工艺来源进行造型演变方面的分析。针对中国各类电器发展影响因素各有不同，侧重点也各不相同。收音机、电视机造型研究主要分析在世界电子技术发展进程中，电子管时期、晶体管时期、半导体时期及集成电路时期因技术因素带来的产品外观大小、面板设计、使用方式的演变过程；而研究电扇造型成因主要分析电扇的上游高端产业延伸出的空气动力学对电扇造型的一系列的影响，并对中国电扇的产生背景、造型成因、材料工艺进行阐述，从而解释中国电扇造型演变的原因；照明类家电由于技术成熟较早、中国传统工艺的介入呈现出各种具有中式审美趣味的造型，主要分析中国传统工艺和材料替代而形成的品种繁多的中国灯具的造型成因。结合大量的中西国别间家电产品比对分析，得出中国家电产品造型是基于国外家电产品的基本造型上，在中国特定的制造业背景下逐步演化成"型"的。

　　中国家电产业在特定的时代背景下，吸收国外家电产品的工艺技术，借鉴国外家电产品造型设计，受到体制、经济基础等影响，形成了自己特有的家电产品造型外观。影响中国家电产品造型变化的时代因素、工艺技术、社会因素相互作用又各自独立，特定历史事件可以改变产品造型风格，使某些工艺技术被抑制；工艺技术成熟、材质替代也会使原先属于奢侈品的家电产品社会地位发生改变，变成普通日用品；社会体制下供销关系会影响家电造型的更新换代速度和各家电厂之间产品的差异度。通过对时代因素、工艺技术、社会因素影响下的家电产品造型演变特征及路径研究，可以全面认识中国家电工业的发展历程。

　　将家电产品放置于具有中国时代特色的背景下分析造型的演变特征及演变路径：不同于西方国家商品经济背景下的家电产品为促进销售而设计、追求"新奇华美"的外观造型的发展模式，中国家电产品在中国特定的历史时期、计划型经济体制之下，设计之初衷是解决"有无问题""计划供应"，普及型生产，走以家电工业生产带动周边工艺技术的产生与成熟之路。中国家电工业发展的艰辛而曲折的历程，充分反映了中国老一辈工业人克服种种困难、艰苦创业所付出的极大的努力与探索精神。

目 录

第1章

绪　论

1.1 本书写作缘起与目的

1.1.1 背景

（1）中国工业产业的崛起和中国工业设计史的缺失

当今中国已处在工业化后期，成为世界上的一个制造大国。对于伴随工业产业而生的工业设计，普遍认为其萌芽产生于英国，兴盛于德国包豪斯。一般认为只有改革开放后引进了系统性的德国包豪斯工业设计理念开始，中国才有了工业设计，这种观念源自中国近代工业设计史的缺失。中华人民共和国成立后 30 年，是中国工业的艰苦创业期，举国上下克服着重重困难，在极其薄弱的基础上"举全国之力"发展工业，在工业产品生产的每个环节都想尽办法学习、模仿、改进，最终完全自制，这里面涉及了工业产品系统设计中消费人群的定位、材料工艺的选定、造型风格的演变、社会因素的影响，国际产品的学习、科技发展对工业产品的技术革新等一系列要点，不能简单地认为中华人民共和国成立后 30 年计划经济体制下就没有工业设计。正如工业设计协会前理事长朱焘所言："对中华人民共和国成立后 30 年知之甚少，对在之前的 30 年可能就无人问津了。"[①] 中国一直以来学习和分析别国的工业设计史，缺失自己的工业设计史，可喜的是近年来，越来越多的人开始关注中国本土的工业设计发展历史，《1949-1979 中国工业设计珍藏档案》和《中国民族工业设计 100 年》就是其中具有代表性的专著，作为中国工业设计人应该补充中华人民共和国成立后 30 年工业设计史中的缺漏部分、重塑中国工业设计的自信。

（2）第二次工业革命的"植入"和家电产品在工业产品中的特殊地位

之所以在浩如烟海的中国工业产品中选择家电产品为研究，是因为工业革命分为第一次工业革命和第二次工业革命，18 世纪 60 年代出现的第一次工业革命是以蒸汽机的发明和运用为标志的，它使英国成为世界上第一个从农业社会进入工业化生产的国家。当时中国正处于清朝封建时期、没有经历第一次工业革命；19 世纪 70 年代出现的第二次工业革命以电力的应用为主要标志，在美国和德国首先开始。第一次工业革命是出现较为原始的工业化企业，如煤炭、机械产业和钢铁业，是人制造机器的时代；而第二次工业革命则出现了更现代化的工业产业模式，如航空航天、电子信息、汽车工业及家电产业，是基于机器、模具制造平台上制造机器。家

---

① 沈榆，张国新. 1949-1979 中国工业设计珍藏档案 [M]. 人民美术出版社. 2014, 06: 序第一页中朱焘即阐述研究中国 1949-1979 年间工业产品的必要性和迫切性。

电产品是以电力使用为标志的第二次工业革命工业技术的集中体现。伴随殖民者将电力和电器带入中国、世界便将第二次工业革命"植入"了 19 世纪的中国：1882 年，英国商人在上海开办电光公司，1882 年 7 月正式供电，发电能力 12kW，这个电厂仅比 1875 年世界上第一个使用弧光电灯的法国巴黎北火车站电厂晚了 7 年[①]。中国的家电工业集合了科学技术、材料、人机、设计风格等多种因素，历来为工业设计界所重视。研究其技术引进、吸收、自产、创新的过程，可以还原中华人民共和国成立后作为一个农业国、如何艰难克服两次工业革命的缺失所带来的困难努力发展工业的历史事实。

（3）工业设计是家电制造大国向家电制造强国转变的重要支撑

我国家用电器产业起步于中华人民共和国成立前后，初步发展于改革开放前，逐步发展于改革开放后，30 多年来产业迅速发展，目前中国家用电器世界市场占有率第一。多数产品的出口量保持在 10% 以上的增长，已经成为全球最大的生产基地与主要出口基地。但是，中国家电产品在国际市场上更多地占据的是中低档产品，在国际市场上低于韩国的水平，更远低于欧、美、日的平均价格水平，只能说明我们是家电生产的大国，而不是家电生产的强国，主要原因在于我国家电产品的设计水平、核心技术、品牌策划等方面较为薄弱；只有设计开路、技术先行，注重品牌，加强知识产权保护等才能向家电制造大国、创造大国前进，期间工业设计就尤为重要了。

（4）家电产业设计历史研究有助于重新审视中国轻工业产业之路

中国的家电产业从落后西方国家近 60 年，经历百年发展，在 2009 年已经成为世界白色家电市场占有率份额第一[②]，这期间中国家电事业经历了曲折的发展道路，通过引进国外家电产品，并学习国外科学技术、学习先进的工艺和材料制造，为中国家电工业的迅速发展也奠定了基础。曾遭遇国外成熟产品的倾销重创却坚持发展本国家电技术；也曾遭遇过技术封锁毅然自力更生、艰苦奋斗过程；也遭遇了改革开放后国营家电企业受国外家电技术猛烈冲击、重新洗牌的刻骨之痛。直至今日的在全世界崛起的中国家电业，依旧经历着的科技发展的瞬息变幻，必须不断改进、不断前行。通过对家电

---

① 中国电器工业发展史编辑委员会编. 中国电器工业发展史 综合卷 [M]. 北京：机械工业出版社. 1989.
② 据中华人民共和国国家统计局《2010 中国统计年鉴》十七章. 对外经济贸易. 十六类电器设备出口已达 6107. 55 亿美元，占取世界家电市场份额第一位。

业历史的研究，尤其是对中华人民共和国成立后 30 年家电产品造型的研究，有助于帮助我们重新审视中国轻工业产业之路。

（5）为中国老一辈的"工业人"正名

中华人民共和国成立后 30 年的工业设计之所以不能被世人承认，多半原因是因为大量国产工业产品与国外产品造型雷同，本书将用 1949-1979 年期间家电产品生产的时代背景来解释处于缺少模具、核心零部件需进口、技术模拟期间中国家电产品外观与国外产品极为相似的造型成因，阐述中国工业发展初期、在极为薄弱的基础之上，中国老一辈工业人如何创业之艰辛，为中华人民共和国成立后 30 年的工业产品设计与生产正名。

1.1.2　缘起

因上述背景，本书将 1949-1979 年期间中国家电产品设计作为研究对象，原因有两点：

一方面，江南大学（原无锡轻工业学院）设计学院的历史发展，自 1966 年作为轻工业造型美术系成立伊始，就一直致力于轻工业产品的造型设计与研究，多年来学院在工业产品造型设计方面颇有建树，家电产品研究一直是设计学院研究的重要课题。

另一方面，目前中国工业设计界越来越重视对本国工业设计历史脉络的追溯和整理。随着中国家电产品的贸易全球化，日益增长的市场占有率却对应着日益减少的利润。中国迫切需要提高中国产品的附加值、增强产品在世界销售市场的竞争力，提高生产商的创新意识、增加中国家电的科技含量、加速其新陈代谢的更新速度。如何不跟在国外家电产品后亦步亦趋，完善自身的工业产品生产链，必须分析比较国外家电产业发展过程和中国家电工业萌芽和发展过程，了解家电生产所依托的产业链与时代背景、对家电产业的发展途径有更为深入的认识。

因此，本书主旨是在一个相对封闭的一个时期、在中国特定的政治体制之下对家电产品设计生产进行系统性研究，是中国工业设计历史研究中的一部分，希望可以对中国未来家电业的生产设计提出新的建议。

1.2　以往文献记载

1.2.1　国内对 1949-1979 年家电产品的记载

对于目前工业产品的评价体系，中国设计界依旧沿袭着以"物"的形式去评判论述某件产品，例如《中国民族工业设计 100 年》这本书中描述"红灯 711 系列收音机"就用了如下评语:"中规中矩""感觉凝练"①,但这作为评判一件原创工业产品并无错误,但对比往往对发现中国产品有很大一部分是模仿和借鉴的,有的甚至是和国外产品一模一样,所以只从产品形态学上描述一件家电产品、这作为产品系统设计研究却远未足够。停留在关注一件"物"本身,不去追溯其造型来源、设计生产商的来源、甚至不了解生产时有何历史事件影响,最终都不能得到一个完整的产品系统设计结论。

评价中国 1949-1979 年这 30 年间生产的工业产品不能仅作为一件标准的工业设计"物"来评判。必须结合同时期中国电子工业、化学工业、物理技术、社会思潮、消费水平等众多因素横向比较,知其工艺变换、材料更替、风格演变、造型大小等改变因素。有些研究者仅单纯地将家电产品当成"物"、做了一番研究后作为古董收藏范畴进行分析,脱离工业设计研究范畴。

国内出版物涉及中国家电产品多为工程范畴,研究其线路板和功能性专业书籍,对家电中的造型设计涉及的外功能表面这块的研究,帮助较小,但可以通过这些书籍查阅到家电产品的型号(表 1-1)和查询工厂生产家电型号和定级标准文献(附录 2、3),方便按型号找寻 60 多年前的家电。

家用电器行业相关的出版物　　　　　　　　　　表 1-1

名称	创刊时间	刊物形式	发行机构
《家用电器》	1980 年	月刊	中国家用电器协会、轻工部北京市家用电器研究所
《无线电》	1955 年 1 月	月刊	中华人民共和国邮电部、中国电子学会共同主办的科普读物
《电视技术》	1977 年 1 月	月刊	机械电子工业部电视专业情报网主办,电视技术编辑部编辑
《家用电器科技》	1981 年	双月刊	中国家用电器协会、轻工业部北京市家用电器研究所主办,由家用电器科技杂志社出版
《电子世界》	1979 年 10 月	月刊	电子世界编辑部编辑
《电气时代》	1981 年	月刊	中国电工技术学会、机械电子工业部机械科学技术情报研究所主办,《电气时代》杂志编辑部编辑,机械工业出版社出版
《家用电器大全》	1984 年	中国第一本介绍家用电器方面知识的工具书	由轻工业部、机械电子工业工业部、邮电部和纺织部的 100 多位专家和学者编写,轻工业出版社出版

---

① 毛溪. 中国民族工业设计 100 年 [M]. 北京: 人民美术出版社. 2015: 115.

续表

名称	创刊时间	刊物形式	发行机构
《家用电器报》	1985 年 3 月	半月刊	轻工业部北京家用电器研究所家用电器科技杂志社
《中国电子工业地区概览》	1987	专著	电子工业出版社
《中国家用电器百科全书》	1991	专著	中国大百科全书出版社
《中国彩电工业发展回顾》	2010 年 3 月	专著	电子工业出版社
《1949-1979 中国工业设计珍藏档案》	2014 年 6 月	专著	上海人民出版社　沈榆张国新著
《中国民族工业设计 100 年》	2015 年 1 月	专著	人民美术出版社　毛溪

根据历史文献整理

　　国内的出版物多集中在改革开放以后，其中即时反映课题所涉及的时间段的刊物只有《无线电》《无线电与电视》《电视技术》，集中在无线电和电视机两个品种，由 1979 年的《无线电》杂志来看，杂志所反映的内容多为无线电内部的结构及技术的内容，与造型相关的内容没有提及，能整体反映当时家用电器发展全貌，其他家电品类甚少。近年来工业设计理论兴起，人们开始关注中国本土工业产品制造业的起源，于是有了《1949-1979 中国工业设计珍藏档案》和《中国民族工业设计 100 年》等关于工业设计产品造型研究的书籍，其研究主要集中在中华人民共和国成立后工业产品的生产设计背景、细节设计和造型等，没有扩展到产品的产业模式、材料与技术，及横向联系当时国内外技术发展形势和产品造型受国外哪款产品的风格影响和技术输入等因素。

　　由于研究历史阶段的特殊性，从出版物和相关硕士、博士论文中分析其研究趋势：从知网学术关注度看，关于家用电器的学术关注度呈上升趋势，说明家用电器的相关研究是一个热点。检索"中国家电"，共计 5389 篇文章，其中工业经济 3833 篇，贸易经济 1011 篇，电力工业 267 篇及无线电电子学 105 篇，轻工业 21 篇。关于家电业最多的是关注市场与营销，在家电制造方面绝大多数集中在家用电器技术层面上的研究。

　　通过其他关于家用电器及家用电器设计的关键词组合来检索，可以发现造型是设计中的重要因子之一，有如下的几个研究方向：

（1）家用电器产生历史文献，通过对不同类的家用电器来检索，《中国近代工业史资料》（1957 年）[①]、《我国电视机工业历史的研究》（2010 年）、《中国近代对外贸易史资料1840-1895》（1962 年）[②]、《建设委员会电气事业专刊》（1932 年）[③]、《中国近现代电力技术发展史》（2006 年）[④]、《追忆上海往事前尘：中国电光源之父胡西园自述》（2005 年）[⑤]、《中国近代机械简史》（1992 年）[⑥]，主要阐释了我国电力工业如何产生，通过何种方式发展而来，国家政策、引进技术上的更新变化。通过此类文献记载，为作者提供产品型号与主产区，可供根据文献追溯产品图片或寻找实物，进行分析测量以及找到生产工艺来源和产品制造厂前身的技术背景或工厂沿革历史，为追溯家电产品造型的来源提供历史证据。

（2）从社会生活中记载家电产品在人们日常生活中的使用方式及常用种类，从家电周边社会人文的角度观察家电产品不同时期的不同审美趣味及工艺偏好。《从上海发现历史——现代化进程中上海人及其生活（1927-1937）》（1996 年），《声音记录下的社会变迁——20 世纪初叶至 1937 年的上海唱片业》（2004 年）[⑦]、《声音记录下的变迁——清末、民国时代上海唱片业兴衰的社会、政治及经济意义》（2008 年）[⑧]、《从"西化"到现代化》（2008 年）[⑨]、《"文革"期间的"红色"浪潮》（2006 年）[⑩]此类论文从中国发展的各个历史时期，从历史社会、科技发展的多层面展现了中国家电产品产生进入人们生活，并在各种历史事件背后给出了家电产品造型改变的原因，例如家电首先跟随租界殖民者进入上海、中华人民共和国成立后社会思潮改变，家电产品成为资产阶级方式，生产被抑制，"大跃进"、"赶超英美"时期大工业发展，大规模仿造并力图赶超英美等历史背景下家电产品的造型演变轨迹。

① 陈真，姚洛，逢先知. 中国近代工业史资料：第 2 辑 [M]. 北京：三联书店，1959.
② 姚贤镐. 中国近代对外贸易史资料 1840-1895：第三册 [M]. 北京：中华书局，1962.
③ 建设委员会编. 建设委员会电气事业专刊 [M]. 南京：建设委员会图书馆，1932.
④ 黄晞. 中国近现代电力技术发展史 [M]. 济南：山东教育出版社，2006.
⑤ 胡西园. 追忆上海往事前尘：中国电光源之父胡西园自述 [M]. 北京：中国文史出版社，2005.
⑥ 张柏春. 中国近代机械简史 [M]. 北京：北京理工大学出版社，1992.
⑦ 葛涛. 声音记录下的社会变迁——20 世纪初叶至 1937 年的上海唱片业 [J]《史林》，2004（6）.
⑧ 葛涛. 声音记录下的变迁——清末、民国时代上海唱片业兴衰的社会、政治及经济意义 [D][博士学位论文]2008.
⑨ 罗荣渠主编. 从"西化"到现代化 [M]. 黄山书社，2008.
⑩ 吴继金."文革"期间的"红色"浪潮 [J]. 钟山风雨，2006：3.

（3）基于设计学理论来分析家用电器产品，如《基于符号学理论的本土家用电器设计研究》（高雨辰，2008年）、《通过生态设计理论来分析家用电器理论》（吴伟峰，2008年）、《可持续发展观来分析家用电器设计》（公瑞，2011年）、《易用性的角度来分析家用电器》（苗蕊，2013年）、《通用设计的理论来分析家用电器设计》（夏岩，黄炜，2014年），如《从家具化的角度来分析家用电器造型》（孔超、赵彤，2014年），从历史的脉络来叙述收音机造型演变（刘雪飞，2004年），这部分文献涉及家用电器的造型分析，从现代产品的设计要素来进行家电造型分析。通过对同时期国外产品的比对，对比国内外生产模式和设计倾向，对中国家电产品造型进行了分析和评价。

1.2.2　国外对中国家电产品的记载

国外对中国家电产品的发展史研究可谓相当之少，一则在中国自民国以来家电技术尚未有独创之处，多数是靠进口，二来中国早期的家电技术工艺较低，并没有对世界家电业产生影响，基本是以历史史论的方式来记载或偶有提及了中国家电的产生。美国亨利的著作《电灯的历史》[1]中有关于照明电器的产生和世界范围的传播概况。关权[2]的《"满洲国"工业生产——工厂统计》记载了伪满洲时期日本统治政权在东北建立的一系列工业产业。美国奥本大学历史系副教授卞历南《The Making of the state Enterprise System in Modern China》一书在试图记载中国现代国有企业是如何出现的，以1945年抗日战争结束为下限，记录了国民党资源委员会在1941年初，制定了《国防工业战时三年计划纲要》[3]，其中明确提出："尽量培植民生必需品之生产，以维持后方人民生活；以及建设基本工矿事业，以奠定工业化之基础。"文中记载了中国最早的国营电器厂——中央电工器材厂的建立和生产状况，为中国的国营电器生产起源提供了有效的证据。

1.2.3　当前文献记载的不足

（1）对本土家电设计方面的历史研究很少，且系统性不够

家电产品作为轻工业产品，是国家的支柱产业，随着改革开放的深入，

---

① Henry, Schroeder. History of Electric Light[M]. Washington: Smithsonian Institution, August 15, 1923.

② 中国人民大学经济学院教授，日本一桥大学经济学博士，中国人民大学经济学院教授.

③ 卞历南. 制度变迁之逻辑[M] 浙江大学出版社，2011：71.

轻工业全面开放，轻工部、局随之撤销，国有企业逐渐倒闭或改制，对中国早期家电设计的档案保留以及历史的研究或丢失或中断，呈碎片化，民间收藏者和爱好者不乏其人，对收藏品中品相较好的早期家电进行了修缮并重新利用，但更多的是收藏展示，述而不评，更缺乏研究的深度、广度和系统性进行分析、研究。

中国就整个家电造型设计历史的研究来说，还存在着较多问题，尤其是对于跨行业、多领域影响因素的研究和信息收集还不够完善，一定程度上归结为对中国工业设计发展史理论研究的滞后，缺乏较为成熟的保护理念和保护思想，近年来随着对中国本土工业设计的重视，国家也试图向更多的研究者、工业设计爱好者描绘一个更加清晰、动态的中国工业设计发展史。在国外，工业设计史论研究成为一个完整而成熟的学术理论系统，但我国还远未足够写完属于自己的工业设计史。虽然近年来，我国非常重视"中国设计元素""为中国设计"的思想，得到了中国工业设计人的普遍推崇，但中国一直迟迟不能确立自己的工业设计思想无法将中国的工艺美术与中国现代工业设计史衔接，对中国工业发展历程研究较少、对产业转变历史原因阐述不详细全面，尤其是对不同时期不同地域的家电造型、制作工艺、历史思潮、社会人文倾向的专门化研究不够深入，在研究改革开放前工业产品外形时缺乏事实依据和理论依据。

工业产品设计尤其家电设计的形态观不仅受设计制造者创造和表达设计意图的世界观的影响，还受到多方面如功能、结构、材料、工艺、市场等因素的影响。本书通过对工业化批量生产的背景下家电造型形成的原因和背景及科学技术对家电产品造成的影响做出深入的分析。

（2）缺乏对中国家电产品生产企业之间的关联研究

正视中国家电设计历史，就必须正确看待计划型积极体制下家电企业的生产和部门设置（图1-1）。中国家电业在中华人民共和国成立后是采取国家重点扶持、"举国体制"集合全国各厂技术骨干进行"大联合设计"[①]，通过"卫星厂模式"和技术免费无偿地提供给全国各地电器制造厂。"大跃进"时期，科学技术"大跃进"，全国范围内"放卫星"。由国营大企业模仿西方家电试制机型，再由一个国营家电企业或全国联合设计来改制设计成具有中国特色的家电产品，通过国营企业、军工企业的技术支持，完成图纸的汇编和加工机床的制造，待一切设计产品试制成功，召开家电评比，通过评比

---

① 由国家牵头，召集家电生产相关的国家建委、四机部、化工部、冶金部的技术人员共同设计开发家电生产的一种生产方式。

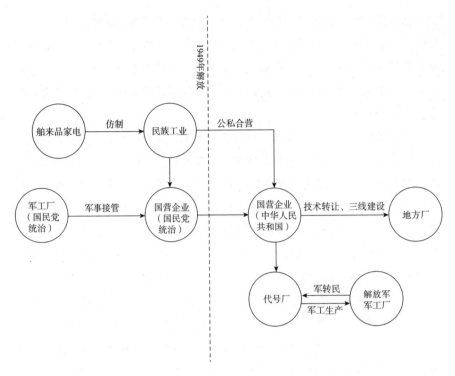

图 1-1　计划经济
体制下家电企业关联

获得优秀的家电产品技术连同图纸一齐公布，甚至转让给地方厂，扶持小厂发展，协助全国各地的家电企业产品生产，甚至让全国小型家电企业进行产品贴牌、代加工。虽然在短期内家电产量大增，但必然引起技术更新交替慢、产品造型雷同等问题。

中国的家电生产是国家的计划型经济的国家政策下进行研究和生产，20 世纪 60 年代家电技术虽然落后于欧美国家许多年，但与日韩等亚洲国家相同领域比较起来，早期并没有在核心技术上相差许多，甚至是优于韩国和中国台湾的。由于中国大陆屡受社会运动干扰，教育事业甚至在"文革"时期中断，加之对工业生产进行了统一分配原材料、统一分配任务、统筹管理，全国各地家电厂皆为"兄弟厂"，使竞争力缺乏，技术创新变缓。

（3）没有结合特定时代因素来比较中外家电业发展

对比中外家电业发展经历需要基于史实和历史事件，不能只局限于家电产业内部，也不能局限于工业产业内部，要以全世界经济政治的变化来看待中外产业的发展。本书以中日电视机产业发展历史背景和历史机遇为例（第 3 章 3.2 节），中国在举全国之力模仿和制造电视机时，日本通过朝鲜战争，不仅作为美国的军备生产地，因生产军备得到了大量的工业机械设备、资料，并因为"特需"经济从 1950-1960 年的 10 年间获得了来自西方各国因军备竞争向日本投下的 600 多亿美元的订单，这就是产业发展中的一个因素——"机遇"，所以只从家电产品设计、科技发展因素来对比中日两国家电发展中的工业设计因素的成败是不全面的。

（4）忽视"改革开放"对中国家电产业链的冲击

"改革开放"既给中国家电产业带来了机遇，同时也带来了挑战，给中国家电产业带来了不少的冲击，国内厂家大量引进国外家电生产线，仅电视机行业全套引进彩色电视生产线就多达 100 多条[①]，引进国外更为成熟的技术和进口家用电器关键性部件，很多人没有意识到，这其实是对中国自行研发的家电产品的毁灭般的打击。在日本，由政府出资组建半导体国家实验室，而从 1986 年开始，中国却终止了半导体技术的开发[②]，改由向日本大量进口彩色电视集成电路和关键部件，并因此终止自主技术的研发，致使中国的半导体技术从此停滞不前，在微电子界尾随其他大国身后亦步亦趋，中国进入了"无核心技术"的"拿来主义"。

"改革开放"后，大多国营家电企业转为民营家电企业，国家不再投入大量资金扶持民用电器，由于研发资金限制，中国家电企业缺乏战略性眼光，不愿意在技术与材料研发上投入巨大的财力和人力，更倾向于买进技术、引进国外流水生产线，并在市场上以价格战为主展开家电厂商之间的竞争。我们往往只看到改革开放前购买家用电器紧张，需要"凭票购买"，改革开放后家用电器产量大增，在中国大地上迅速普及，并不是因为中国的家电设计制造技术大为改进，而是因为从国外直接引进和仿造流水生产线，长虹试制彩色电视成功时[③]，韩国在学习制造黑白电视机，但现在，长虹彩电使用的是韩国三星公司的机芯。

正确看待改革开放的问题，有助于中国对短期效益和长期利益的取舍和决策。

---

① 吴姝蓉，程建新. 崭新的篇章——1978 年"改革开放"后中国品牌发展 [J]. 中国广告. 2014（4）：124-128. 其中描述：以上海轻工行业为例，在 1978 年时便确定了成套设备引进计划……"改革开放"后，所有的行业都开足马力生产。
② 韩中和. 日本家电企业品牌国际化及其对我国企业的启示 [J]. 经济管理. 2009（2）：97-102.
③ 中国电子视像行业协会编. 中国彩电工业发展回顾 [M]. 北京：电子工业出版社，2010：185.

1.3　本书相关内容界定

1.3.1　目标

（1）系统梳理 1949-1979 年期间家电产品生产情况

通过调研大量实物、文献资料的基础上，准确把握产品产生的时间、种类、工厂性质与技术背景，对 1949-1979 年期间的主要家电产品做系统的梳理，力求准确、客观、清晰地判定和分类此 30 年间中国在家电产业领域的成果。

（2）准确分析中华人民共和国成立后 30 年主要家电产品的设计特征

通过厘清中华人民共和国成立后 30 年主要家用电器的产生和发展，总结其进入中国、吸纳发展并自制的过程，通过分析其来源和技术改变的历史原因，以探求如何在工业设计中注意学习模仿和研发创新之间的过渡，以此来指导未来家电发展方向。

（3）拓宽当前产品设计研究领域的视角

中国的工业设计研究，一直未能脱离在艺术设计层面的研究设计，只针对设计思潮、材料装饰进行研究，未能体现出产品设计是一门综合产业研究、历史人文、科学技术的综合学术领域，任何一项偶发历史事件都有可能导致产品设计发生设计脉络的改变，本书试图引进"新钻石模型理论"[①]，试图将中国家电这个产品"舶来物"置入科技发展、社会历史的长河中去，通过研究对象所处的生产要素研究、相关产业是否支持等因素来加深中国家电产品发展途径的理解和认识，这是超出艺术学和技术因素的深层理解，是一个更加深入地分析研究的方法。

（4）启发下一步家电产业发展的思路

分析中国家电产品的形成和演变轨迹，从分析结果中得出中华人民共和国成立后 30 年中国家电产业走过的路，成功抑或错失良机，对外开放的时机是否准确，开放后措施是否得当，技术交换流动是否通畅等问题，给予未来家电产业发展提供不同的思路。

1.3.2　本书意义

中国家用电器工业起步较晚，基础较差。1987 年以后，通过开展对外经济技术交流、引进大量先进技术，加速了整个行业的技术进步。在

---

① 复旦大学芮明杰教授认为，一个国家的产业竞争力从本源上看应该是内生的，产业竞争力的本源性变量应该是产业吸收知识与创新的能力。

"六五"期间，建成了一批具有现代化水平的骨干企业，基本上形成了较为完整的工业体系，产量有了大幅度的增长。中国家电类产品在漫长发展期中，家电由洋派转为本土化风格直至改革开放后、中国家电产业呈跳跃式发展，中国的家电已经越来越充满"洋"味，越来越对国外家电造型风格亦步亦趋。中国的工业设计师应立足延续中国丰厚的物质和文化遗产的高度，结合中国人的传统生活方式，在研究中国独特的居住空间基础上进行工业设计的工作，从而发掘产品设计的新思路。并懂得如何利用周边相关产业技术与工艺、对中国家电造型进行突破性设计与改良，反映本土的生活文化与人们审美的趣味。在我们的生活中，家用电器与我们息息相关，是生活的必需品。研究它可以研究国内外经济的发展、科学技术水平的进步，人文思想的改变，社会制度的变迁对工业设计产品的综合影响。

（1）现实意义

家电工业具有技术密集的特点，它的发展水平衡量着一个国家人民生活的水平。在很多国家，整个国民经济的组成中家用电器工业占有重大比例。家用电器是经济发达国家消费品工业的支柱行业，并且家电业也是一个集技术、设备、材料、环境、管理水平、销售等多项因素的一个综合性产业。在中国，家电产品改变了中国人的生活方式，在人们生活中越来越普及，他们已日益成为人们日常生活不可缺少的一部分，就目前来看，家电产业系统属于我国发展较为完备的一个产业，中国在自身完全没有家电产业的情况下不仅建立了一条完整的产品制造、物流、销售流程，撑起了国内外巨大的市场，而且也完全改变了中国人的生活。之前家电产品一直是我国出口的支柱产业"2006 年……家电产量达到 127497 万台，出口 92511 万台，全球80% 以上的小家电产品出自中国，已成为出口的支柱产业之一，家电行业每年为我国创造很大的价值"[1]创造大量外汇，而在 2015 年的时候，家电行业却遭到前所未见的"寒冬"，相较于 15 年前，家电行业利润一再下滑[2]，已利薄如纸，国内追求的低成本、大规模生产总量不复从前，海外低成本、廉价成本制造产地不断涌现，作为中国的一个重要产业，家电产品设计生产还面临着许多问题，提高我国的家电产品造型设计、工艺技术将是保持我国家电产品的竞争优势的唯一的出路，从何处创新、该如何设计是本书对我国

---

① 余君平. 装饰在小家电设计中的应用研究 [D]．[硕士学位论文]. 福建：福建师范大学，2008.
② 参考前瞻产业研究院发布的《2016-2021 年中国家电检测行业市场前瞻与投资规划分析报告》.

家电产品造型设计的研究中重要研究的一面，总结中华人民共和国成立三十年其外观设计的规律，为我国今后家电产品设计提供理论支持，总结前期的不足，为今后的家电产品设计方向提出建议。

（2）历史价值

这是一篇再不写可能将会永远消失的历史。在此之前没有人关注中国工业产业萌芽状态比较"幼稚"的工业产品设计生产流程，认为在设计方面没有可以学习的方面，都是些落后的生产方式和照搬照抄的产品，所以以对中华人民共和国成立后 30 年的家电产品造型成因、生产记录少之又少。一般人都认为中华人民共和国成立时"一穷二白"，事实上中国家电业有两个兴盛期：中国曾经在中华人民共和国成立前就生产和组装了大量的家电类产品、并且远销海外 [1]。中华人民共和国成立后，南京接管"中央电工器材有限公司""中央无线电器材有限公司南京厂""中央有线电器材公司"等，也曾大规模改进工艺，生产并替代美国货。中国家电产业也遭遇了两个衰落期 [2]：第一次，因为第二次世界大战结束，众多剩余的战略物资中的电子家电等零配件倾销式地席卷了当时刚刚起步的中国家电产业，给予中国本土家电产业以严重打击，许多本土民营企业不得不停工或者破产；第二次即改革开放，一般工业史论定义为家电产业大发展时期，但由于改革开放后引进国外的流水生产线甚至直接进口核心零部件进行组装，仿制国外电子家电类产品，看似产能有了巨大的发展，实则毁灭性打击了本土家电产品设计生产系统。直至今日，中国电子家电没有掌握世界核心技术，很难建立本土产品设计系统，虽然看似比过去的百年间家电设计有了长足的进步，但在国际高端家电市场上几乎毫无中国本土技术和风格特色可言。

本书通过对我国家电造型产生及演变过程的研究，对我国工业设计史进行了补充，为我国的家电发展厘清了脉络。因而本书所做的研究是对新中国成立至"改革开放"这三十年家用电器造型研究的补充。中国家电产业历经近百年，经过社会变迁、技术发展、审美的改变，人民收入的提高，造型也历经变化。这要求家电产品要不断地提高创新能力，研发新产品，适应经济

---

① 中国电器工业发展史编辑委员会编. 中国电器工业发展史 综合卷 [M]. 北京：机械工业出版社，1989：22. "20 世纪 20 年代华生电扇产品质量可与美国 GE 牌电扇相抗衡，畅销国内并远销南洋、印度。"

② 中国家电第一次衰退严重打击了民族工业：第一次时间为第二次世界大战结束，欧美将大量战争剩余物资，其中包括晶体管等元器件在中国大规模倾销，中国民族工业从此一蹶不振；第二次时间为 1980 年全面改革开放，由于全盘引进生产流水线，致使中国国营家电企业缩减了研发与技术革新部门数量。

的快速发展，适应经济发展方式的变化。对中华人民共和国成立初期家电造型的研究，可以为现代的创新设计提供灵感，了解家电创新的原动力，以促进国内小家电行业的长久健康发展。

（3）社会意义

家用电器与人们的生活息息相关，并且已经深入人们的生活，成为人们生活的一部分。是人们生活中的重要环节，必不可少。产品的兴盛给人们带来了全新的感受，成为一个潮流影响着人们的生活。可以说家用电器改变了人们的生活方式，而人们的生活方式也在改变着家电的造型设计和种类数量。

出自中国的家电产品，是我国出口产业的支柱之一，每年家电行业为我国创下大量外汇，但是也濒临着很多的挑战，例如家电产品多聚集的领域都附加值很低，不仅是由于我们的设计水平还不够成熟，还由于中国的产品设计迟迟未能真正进入家电产业链，中国工业产品的产业链中产品造型设计这一环节一直是以模仿和细致末端的修改为主，造成了产品设计人员的边缘化，产学研结合很不紧密。反观因为中国产业链的断裂，产品设计专业处于很尴尬的一个局面，好的设计得不到生产企业的采纳，日新月异快速更新的生产技术理论也没有紧密地结合到设计专业中来。致使中国的家电行业，技术水平有限，技术含量低，而设计与技术是决定产品价值的真正原因。只有进一步提高我国的设计水准，发展技术才能使这一产业保持竞争的优势，这也是我国家电行业的唯一出路。

（4）艺术审美价值

家用电器艺术审美的研究，不仅是时尚的特征，有其时代性。家电产品不是艺术珍品，没有恒久无价的艺术特征，它的外观造型审美是要跟随时代的发展而变换的。时代性的特征很重要，它不是凭空随机地成立的，它除了与社会的经济生活、文化发展有关外，也有物质技术的根源。物质基础的不同，所以其造型的时代性特征也就不同，由此可见，造型随着时代的发展而发展，新的材质的产生、新的工艺生产方式必然产生新的审美观念。

家电的造型不仅与科学技术有关，还受到材质、审美的影响。家用电器造型与其他造型艺术一样，通过一定的手段（形体）来表达产品本身特定的内容、构造和情趣，用它的外观来反映一定社会内容和思想。将产品的造型和一般艺术进行比较，在艺术规律和精神作用方面，两者是相通的。家电的造型伴随着审美的变迁和科学技术的发展而变化的。对家电造型的研究是通过对其规律的总结。家电的造型，作为当时社会小型家电工业产品的一个标志，具有时代意义。对中华人民共和国成立初期家电造型的研究，可以通过把握审美变化的规律，从而促进现在家电造型的设计水平，塑造出具有中式审美的家电产品。

家电造型的研究，看似只是关乎一件产品的外形设计，实则是对当代整个家居环境的掌控。由于当代人对家居装修及生活环境结构要求的变化，一个家电的适应程度，不仅与其功能的强弱有关，其外观与家装的协调程度，造型的实用性、安全性都与市场接受程度有着直接的关系。

（5）现代工业设计的借鉴意义

当前产品竞争日趋激烈，要满足市场的需求，小家电企业目前要注重开发产品，将产品与市场密切地联系起来，以工业设计为主导，家电产品的设计开发会更有益于与市场相协调。

从产品创新的角度看，立足点并不能仅着眼于家电行业，而应该把它看成是一个中下游传统制造产业，如果只是把它孤立地看成一个整体，规模系统完整但缺少自己的品牌，利润并不是很高，需要自主创新的企业的话，往往会抓不住最新最重要的发展战略。创新设计是工业设计的核心力量，要符合目前企业转型升级的趋势，就要以工业设计为主导，多方面多种因素结合起来看待产品的开发。从提高企业竞争力的角度看，假如只是引进技术、引进生产线，将无法从根本上改观中国家电产品想技术提升、扩大产能占领世界家电市场的目标，也无法使中国家电成为世界家电产业的领军和技术改革的风向标。中国家电产业在整体规模上已经在世界位居前列，但家电企业开发新品、产品更迭间没有相关性，彼此孤立，对建立企业形象，产品形成系列，产品设计模块化，建立品牌效应和建立忠诚的消费者方面非常不利，应该改变整个工业产品生产战略思路、增强家电企业的核心竞争力。

另外，本书要提出的产业创新的新建议是，家电产品创新往往不是在家电产业内部，家电产业是高科技技术转为民用的重要产业，如果将家电产业创新局限于本行业内部，创新的力度就会变得很小，创新方面很难会有新的突破。通过对家电产品设计生产的研究，更深刻地了解工业技术的流动性和交叉性带给家电企业产品开发的影响，为家电企业产品的发展开辟了新的道路。通过本书的研究，希望能够对中国家电产品的开发有进一步的解释，并将这种方法与实践相结合，使得家电产品的设计更加具有中国特色，也为其他的产品系统设计理论添砖加瓦。

1.4 时间的界定和研究内容

1.4.1 家电产品品种和生产时间的界定

研究对象为1949-1979年规模量产的日用家电产品，并且是受社会因素、时代因素和工艺因素影响较大的造型演变特征明显的典型品种。并将重点放在其造型产生的成因及本土化演变的过程方面，现对研究产品范围、分期和产品研究关键点做如下阐述和说明。

（1）家电产品界定

选择第二次工业革命的标志性产物、使用电力的家电产品。汽车工业产品、钟表业、缝纫机多属于机械制造业，技术上还未涵盖电子电力事业。技术难度上，其他机械制造工业产品在中国机械制造完成后基本达到了技术成熟期，而家电产品则不然，它不仅包括机械制造，还一直随着世界科技技术的发展不断地更新换代，在工业设计史研究方面，更有动态的发展线索。

根据上海地方志办公室档案资料《上海地方志商业卷–五金交电》年销售量统计报表显示（图1-2），电冰箱与洗衣机直至20世纪80年代后才开始销售，之前虽然已试制成功，但也只是作为工厂或研究所公用设备或医用设备，并未大规模进入居民日常生活。要研究造型研究，必须要求样本有一定的产量及广泛存在于人们生活之中，受到各方面因素的影响，本书选取1949–1979年期间，产量最大的收音机、电扇、电视机，电灯为主要研究样本，对于1979年前无法形成量产规模的空调、电冰箱、洗衣机，和一些30年来未受工艺、社会因素影响的家电，例如电暖炉、电水壶等造型变动较小的家电，在此不做重点研究。

年度	电视机（台）			洗衣机（台）	电冰箱（台）
	合计	黑白	彩色		
1975	326	326			
1976	348	348			
1978	953	953			
1979	1820	1757	63		
1980	3797	3761	36		
1982	5827	5808	19	7	2
1983	5294	5155	139	90	5
1984	8205	7412	793	1396	92
1985	14561	9257	5304	2380	830

项目	单位	每百户拥有水平			
		1982 年	1983 年	1984 年	1985 年
自行车	辆	88	95	120	169
电扇	台	25	28	38	75
收音机	台	65	65	78	46
收录机	台	5	5	5	6
电视机	台	23	25	43	58
洗衣机	台	—	—	—	1
电冰箱	台	—	—	—	2

图 1-2　上海家电年销售报表

图片来源：根据上海地方志办公室资料《上海地方志商业卷——五金交电》绘制

（2）时间段界定

1949-1979 年是中国工业萌芽期，中华人民共和国成立前中国本身没有发生工业革命，在国外完成以电力使用为标志的第二次工业革命后，中国因为殖民者进入带来的电力技术，外来植入了电器工业，在发展电器工业的同时必须艰难弥补错失两次工业革命带来的种种缺憾和困难。同时，这 30 年是中华人民共和国成立后对外来文化、对内经济体制相对"封闭"的一个时期，有利于祛除外部直接影响因素、纯粹研究中国家电产品在计划性经济体制下的一种特殊的设计生产流程及其本土设计思路。本书不仅是从工业设计范畴来看待这 30 年间的家电产品，因为它并不是可以作为工业设计中的成功范例来分析研究的，更多的是把中华人民共和国成立后这 30 年家电生产作为一个现象，研究其设计生产方式来分析中国的家电产品设计中所反映出来的种种特征，则需要一个较为封闭生产的大环境来研究中国家电产品的产生与发展，所以时间段定位为 1949 年中华人民共和国成立后至 1979 年改革开放前[①]，因在改革开放、全国掀起了引进家电生产线的热潮，众多家电企业终止了自行技术的研发，进口关键性家电零部件和技术，覆盖式地改变了中国家电产业的生产流程，中国家电企业一度变成了国外家电的仿制生产企业。

家电造型研究着重分为四个时段：

第一阶段：中华人民共和国成立后（1949-1957 年）生产恢复阶段，此阶段中国加快了家电产业周边制造业的建设，例如建立胶木厂、公私合营重新布局家电生产企业，此阶段对于中国家电整机国产化有着相当重要的意义。

第二阶段："大跃进"和国民经济调整时期（1958-1965 年）初步发展阶段，此阶段在完成了初步工业化之后，基于民众自发的工作热情与积极性，加之临近中华人民共和国成立 10 周年，从科技领域、农业、工业处处洋溢着做出"成绩"、为祖国献礼，由于缺乏科学技术的支持和高学历生产工程师，光凭一腔热情、一身干劲，"大跃进"运动放卫星式试制成功的家电只能是台样机，无法进行量产。但另一方面，许多经典国货例如中国第一台照相机、中国第一台红旗轿车的国营企业，都是在 1958 年这一年开始研发生产的，"大跃进"运动在促进当时农业为主的中国转型向工业国发展具有一定的推动作用。

第三阶段：十年"文革"时期（1966-1976 年）曲折前进阶段，此阶段做大的问题就是许多工厂被关停，生产秩序被打乱，家电产品被扣以"资本主义生活方式"受到限制，无法进行正常的制造生产，但由于"文革"期

---

① 1978 年 12 月中国开始实行对内改革对外开放的政策。由于政策执行的滞后性，直至 1980 年家电生产线才全面批准引进，开始影响中国家电生产流程。

间随时需要收听毛泽东"最高指示"而收音机数量大增，出现爆炸式发展。

第四阶段：国民经济恢复初期（1977-1979年），生产秩序回归正常、教育工作恢复，与国外技术交流逐渐频繁。

1.4.2 主要内容界定

本研究主要包括六部分内容：首先是梳理1949-1979年家用电器的产生与发展过程；第二部分是解析此30年间家电产品种类及设计特征；第三部分是分析时代因素、技术工艺因素、经济体制因素影响下家电产品造型演变特征；第四部分即分析此30年间主要家电产品造型式样成因；第五部分阐述了中国家电产品设计存在的问题和启示；最后一部分是归纳总结和本研究的结论，及对现代的家电产业的启示。主要研究切入点如下：

（1）对家电产品造型演变历程中的历史背景和社会因素进行了梳理

将中国家电的产生置于历史事件中加以阐述，表明中国家电的由来和国外殖民者强行通商，并对中国进行电子信息零件的倾销有着重要的关联，在这种情况下中国政府和中国的民族企业迎着困难，在世界第二次科技革命时期制造业所表现出来的蓬勃向上的新生力量。并表明中国的家电产品造型并不是孤立产生，它和当时的社会、经济、文化、政治息息相关。其造型艺术无一不表明着当时的技术工艺和时尚风潮，战争的毁损及战后电子元器件大量倾销、中华人民共和国成立后对原有带有西方色彩的产品停止生产[①]，"文革"时期将电扇、电冰箱作为资产阶级生活方式代表物被限产、停产等历史事件都可以扭转国产家电的生存和发展，所以梳理中华人民共和国成立前民用家电的技术来源、社会环境、经济发展等背景对研究整个家电的产生与发展有着重要的意义。

（2）从家电生产商背景及企业沿革角度切入对家电造型成因进行研究

由于当时的中国处于计划经济体系下，家电造型成因无法以市场经济促进供需的设计角度加以分析，本书便另辟蹊径从中华人民共和国成立初期的多种经济成分的家电生产商生产技术不同来源和工艺技术高低差别的角度切入分析，研究为何中华人民共和国成立十年便可以生产出高端"献礼机"电器的技术基础，为何出现"仿美""仿苏"式家电产品造型，为何在现代家电产品中糅合了许多中国传统工艺，在生产高级电器技术实现后又转而号召全国家电生产商转向普通、节能和中低档机型的生产时出现全国范围的家电

---

① 彭学宝. 建国初期中共肃清外国在华文化势力研究 [D]. [博士学位论文]. 北京. 中共中央党校，2013 "毛泽东在中华人民共和国成立初期，要求帝国主义停止在华的文化侵略，包括关停在华宣传机构、教会、广播电台等。"

产品造型"趋同"。假若单从家电产品的工业设计方式、设计流程上去简单地理解会对中国家电产品造型演变成因分析得不全面、不彻底。

（3）结合材料、工艺、技术因素研究家电造型演变原因

1）从材料工艺的成熟度来解释中国家电造型的成因，对于工业产品来说工业化的过程之一就是以合成材料仿效自然材料，而本土家电是先用木壳来制作国际上已经通用了的胶木壳，随着工艺的发展才又从实木壳转化为胶木及塑料外壳的特殊演变。电子工业和塑料工业的兴起，促进了家用电器的飞快发展，彩色电视机开始进入家庭；随着晶体管的应用和集成电路以及微电子技术的重大发展，家用电器造型和外部设计随即改变。一般其他学者喜欢就产品造型和产品设计风格来分析、解释产品的细节，本书通过对材料工艺和技术的历史演变分析，不仅很好地阐述了中国工业化大生产技术的成熟和提高，也很好地阐述了前工业时代向后工业化时代演变中机械化加工程度在逐步提高。综合性地分析了家电造型的成因。

2）从技术来源分析中国家电造型的艺术成因：这是本土家电最反映时代精神的一点，中国家用电器经历了中华人民共和国成立前国民党政府"亲美"、社会生活偏西方、崇"洋"、从美国进口整机和零部件阶段；到中华人民共和国成立后"亲苏"时期统一苏联制造标准、大量使用苏联制造机床、仿制具有苏联风格的产品时期；中苏关系恶化"排苏"，"文化大革命"时期最具有时代特色的标语徽章随处可见，充分体现了家电造型包含的时代性，反映了当时审美情趣及设计思潮。

3）从技术的改革分析家电造型的改变：在最初满足了人们基本追求家用电器家具式的富丽堂皇、彰显富足生活的电子类大型家用电器，到晶体管应用后的体积变小，复合型材料成熟之后替代天然金属、木料材质，加工工艺提升后材料表面加工复杂化、产品功能增加后界面演变等。产品研究时不能忽略了内部元器件的更新换代，一味地分析小型机的款型设计，必须结合大环境科学技术发展对产品的影响、技术背景来源、工艺发展发展来全面分析。

1.5　资料梳理思路

1.5.1　资料类比途径

（1）使用分类研究和综合分析相结合

由于中国家电产品并不是中华人民共和国成立后凭空出现的，它在中华人民共和国成立前就有，国民党遗留工厂、上海民营企业、军工厂遗留美军

物资都与中华人民共和国成立后中国家电的造型成因有关，所以虽然研究的是中华人民共和国成立后的家电产品，但本书并不局限于举出 1949 年后出现的家电产品，对家电产品最早在中国出现时期的状况均有深入分析。并且由于多种早期家电引进、技术背景、自产能力情况都不一样，在综合性分析中华人民共和国成立后 30 年家电整体情况的同时将对其中几种具有典型性的家电类别进行深入分析。

（2）纵向研究和横向比较

研究产品设计的种类和演变轨迹比较复杂，它横跨工学、艺术学和社会人文等多个领域，不仅需要分析世界科学技术的发展阶段，中国家电产业不是自行产生的，而是由殖民者植入的，受世界家电科技及不同历史阶段与"交好国"技术引入有很大影响，所以必须分析美国、德国、日本等地传入家电产品类型、款式，及世界家电科技革命的基础上，解析中国家电产品不同时期造型改变的成因和特征。

（3）将产品置入社会变革背景中进行研究

中国家电进入中国家庭与当时的社会背景和变革有着巨大的关系，不能仅就分析产品和使用者、产品与产能的关系，本书试图解释的一个问题就是"改革开放"前后家电生产的政策对中国家电产业的利与弊，还原中华人民共和国成立后 30 年我国在家电产业及一系列配套技术的产生与发展轨迹，对中国的工业产业造成的深远影响和对以后的家电产品设计的影响。

1.5.2 内容框架

框架如图 1-3 所示。

由于研究的家电产品使用功能已不适应现代的生活方式，在现代人们实际使用过程中已不可能出现，所以就必须关注那段过去的历史，不管是搜集实物、文献资料、国外技术发展阶段、国外产品设计风格，地方县志、国家重大工程和重点建设方案，其目的都是为了更好地解释中国家电，将历史研究法引入本书的研究中来，为研究提供了更广阔的视角，有利于更好地分析中国家电产品的同时，更为未来中国家电设计方向指明设计路径。

掌握大量实物资料图片是研究的第一基础要素，主要包括文献资料查阅、田野调查、拍摄及实物考证。在田野调查中发现，由于 1949-1979 年生产的家用电器早已退出人们日常生活使用范围，部分有收藏价值和史料价值的家电大多散布在无线电爱好者、家电收藏者手中。家电收藏分三类，其中一类具有技术革新纪念意义的早期家电被作为教具收藏在华南理工大学等大学博物馆里，还有些在常州星海博物馆、原家电企业工程师及家电企业博

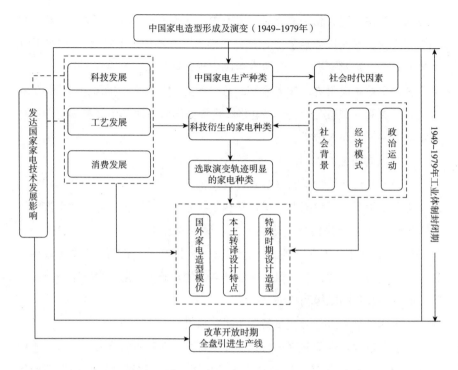

图 1-3　内容框架图

物馆；另一类具有史实纪念意义的家电产品和一些国外早期家电被一起收藏在中国收音机博物馆和中国工业博物馆中，还有一些早期家电散步在民间收藏家手中在"中华收藏网"上频繁交易。笔者走访了各大博物馆并登门走访已经退休的原家电研发工程师，原南京熊猫无线电收音机、熊猫1501献礼收音机造型设计师哈崇南老先生。查阅当年设计图纸、文字文献、对博物馆藏品进行了考察并存图整理。由于中华人民共和国成立后30年家电产品出现时间、技术成熟度、产量都不一样，有些早期家电产品实物已难觅踪影，所以除了实物考察，还必须对历史老照片和资料文献进行收集整理。通过对老照片中家电产品造型比对，确定家电在当年人们生活中的使用状态和使用空间。

　　综合运用了观察法、历史法等方法，并通过走访家电老工程师、个案研究、测验等科学验证，对家电生产进行计划性的、系统的和周密的了解。搜集的大量资料行进的综合、分析、归纳、比较，为人们提供规律性的参考。文章中综合运用文献、网络资讯、工厂企业、博物馆、档案馆、图书馆等途径对家用电器的历史发展脉络及造型演变进行了调查研究，通过获得的多领域材料和信息加以梳理。作者历时3年，经过多次田野调查，在全国范围拍下中华人民共和国成立后30年中国工业的成果，最终归结家电4大类，实物照片2000余张，并对各大博物馆藏和网络收藏品及文献资料甄别和分类，搜集老照片资料1000余张。

中国家电工业发展基本脉络

　　本章旨在回溯 19 世纪以来，在并未出现第一次工业革命的中国是如何通过外来殖民者携带来的生活方式而被植入电气工业，从而出现了本土电器工业的萌芽过程，以及不同背景的家电生产商的由来。探索和研究的问题是中国家电产品并非凭空成"型"，而是在整个世界电气工业大发展的背景下，通过模仿国外家电产品逐步建立本国的家电生产企业，并通过不同的家电生产商不断重组、沿革，最后形成中国本国的家电工业。梳理本土家电厂建厂渊源、合并重组、三线迁移，对家电造型来源有历史求证意义。

2.1　中国家电工业产生背景

2.1.1　电器科技发展背景

（1）世界电器技术发展

　　电器工业出现在世界第二次工业革命时期，几乎同一时期出现在英国和美国。以电力使用为代表的第二次工业革命区别于第一次工业革命的最大特点是科技的加入。众多科学家的研究发明使第二次工业革命的众多成果不再是基于工匠经验，而是来自于科学研究。电器工业从一开始产生就包含了科学技术、科学教育、科技人才、材料工艺等各个方面的支撑。1897 年白炽灯由美国人托马斯·爱迪生（Thomas Alva Edison）发明，而这一创造性的发明是人类使用电气照明的开端[1]。进入 20 世纪以后，超外差收音机问世。1919 年，第一个定时播发语言和音乐的无线电广播电台在英国建成。1923-1924 年，俄国裔美国人斯福罗金发明了摄像管，随后又发明出显像管并注册专利成功，之前有贝尔德发明的电视机属于机电系统电视机，而 1931 年在美国出现了首个全电子电视机[2]。第二次世界大战后，欧美开始普及电视与广播。20 世纪初的欧美正是一个科技爆炸的时代，以电力技术使用为代表的第二次革命深刻地改变着欧美各国人们的生活方式（图 2-1），同时也跟随着殖民

图 2-1　欧美家庭收听收音机（1922 年）

---

[1]　[美]乔治·巴萨拉（George Basalla）. 周光发译. 技术发展简史 [M]. 上海：复旦大学出版社，2000：137-138.

[2]　郭镇之. 中国电视史 [M]. 北京：文化艺术出版社，1997：25.

者被带入了世界各个殖民地。

（2）中国电力工业的萌芽

19世纪中叶，上海作为"殖民家的乐园"成为中国最早传入通信技术的地区，上海也成为了我国最早拥有电台、电报、电话的地区之一。1879年，为了欢迎美国前总统格兰特访华，5月17号至18号外滩举行了"水龙大会"，启用了中国最早的弧光灯公共照明。当时"弧光灯"亮起，给了国人巨大的震撼，"千万灯光一起怒发"[①]，如一大火球，灿烂夺目，往来观者如织。公共照明在上海首先打破了当时中国人"日出而作，日落而息"的生活方式，减少了对自然光的依赖性，延长了人们的活动时间，扩大了人们的活动范围。有了电灯照明后，夜间外出娱乐活动的人多了起来，人们在电灯下工作和做生意（图2-2）。得益于电力照明的普及，整个上海的经济变得繁荣起来。

电灯照明传入中国正值第一次世界大战爆发，受战争军需刺激，1914年后，中国面粉业与纺织业兴盛一时。工业用照明电灯、工业用电动机需求量大增（图2-3），主要集中使用于纺织、面粉、碾米等工厂，使中国的电力事业呈地域性不平衡发展。电力产业集中在江苏、河北、浙江等省，工业用电占总电力的70%以上。得益于工业用电网络的建立，民用电力在电力覆盖区也得到了发展。例如1936年的江苏，电力照明营业区已覆盖了33%的江苏总人口（不包括日本侵占的东北三省）。[②]

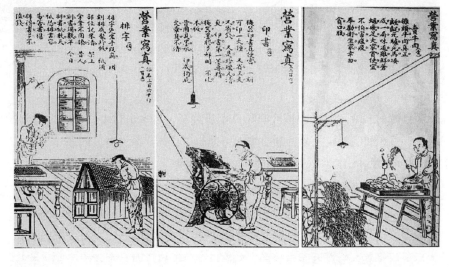

图2-2　民国时期人们在电灯下劳作和做生意
图片来源：王稼句. 三百六十行图集[M]. 苏州：古吴轩出版社，2002：361，423.

---

① [英]安纳斯. 美查. 水龙贺会记盛[N]. 申报，1879，5（21）：2，上海书店1983年影印本。
② 建设委员会编. 中国电气事业统计第6号民国二十四年份全国电气事业之状况[M]. 建设委员会. 1936：12.

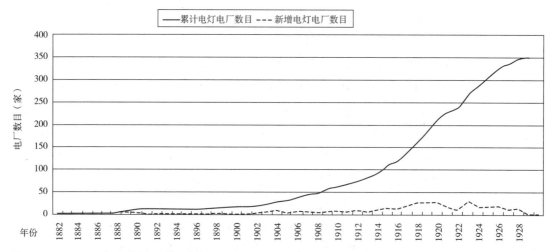

图 2-3　1882-1929 年全国电灯厂数目变化
图片来源：建设委员会. 全国发电厂调查表 [M]. 南京：建设委员会图书馆. 1929：15-62.

图 2-4　北京故宫仁寿殿中的电灯　　图 2-5　20 世纪 30 年代室内使用电灯
图片来源：故宫博物院端门数字馆　　图片来源：中和电灯杂志，1933，1（2）：7.

　　当时的东北三省电力被俄国和日本所控制，日本也在中国台湾、天津、大连、沈阳、长春、铁岭、营口等地兴建电厂，建立电力覆盖网。

　　1882 年英国人在上海开办电光公司。"此后，英、法、德、俄、日等帝国主义国家相继在各自的租界区中国香港、天津、青岛、大连、旅顺等地设立电厂"，看到上海电力照明的成功，清政府也开始自己创办电厂，在宫廷、官署安装电灯照明，北京最早的电力照明出现在清朝宫廷。1888 年，慈禧太后退居修养，修葺西园电公所，约在 1890 年初，西苑宫廷里亮起了北京最早的电灯（图 2-4）。自此，电灯照明也在北京普及开来。

　　一些较富裕的家庭开始在家使用起无烟无味的电灯（图 2-5），这标志着中国真正出现了家用电器。根据 1931 年创刊的由上海大东书局出版的

图 2-6　亚浦耳灯泡广告招贴
图片来源：中国工业博物馆

杂志《新家庭》记载："欲组建新家庭者，将亚浦尔电扇、亚浦尔电灯泡作为新家庭必备之物。"[1]可见，当时已将电器作为婚嫁必备之物（图 2-6）。

（3）无线技术传入

1837 年，美国的摩尔斯发明了有线电报。时隔三十四年，这种通信工具又被首先传到了上海。1871 年，丹麦大北电报公司敷设了从香港经厦门到上海和从日本长崎到上海的两条海底电缆，并在上海开设了营业性电报局，这虽然是殖民者的需要，但也标志着中国无线技术应用产业的开始。1881 年，清朝政府为沟通军情，建设从天津到上海的"南北洋电报干线"[2]，带动了官办及民营电报线路的开设。1876 年美国的贝尔发明了电话，五年后传入了上海[3]。1881 年，上海的英商端记洋行开办华洋德律风公司，架设市内电话线路，使用磁石式电话机，上海开始有了电话。继有线通信技术传入后，20 世纪初，上海开始采用无线通信技术。1906 年，清朝政府开设上海市区至崇明岛间的无线电报通信，接着上海口岸又开设了各船舶间的无线电报业务。随着通信科学技术的传入和通信业务的建立，上海为基于无线电技术上的广播产业的产生创造了技术条件。

早在 20 世纪 20 年代，上海随着"洋货"的进入，富裕阶层形成了一种携唱机出游避暑的风气，1929 年的申报也有推广告："手提胜利唱机、消夏娱乐最宜"[4]，但这只是少数上流社会富人享受之物，与广大贫者则无缘。唱机也大多作为广告置于店内招揽客人，众人往往会驻足聆听，唱片内容大多为中国戏文、西洋音乐，充当吸引客人的广告（图 2-7）。

1923 年上海广播电视台建立，[5]以播放唱片与广告的方式向公众播

---

① 《亚浦耳电扇、亚浦耳电灯泡》，《新家庭》第 5 号。此广告还见于该杂志的第 6 号、第 7 号。
② 芮敏行. 中国电子工业地区概览 上海卷 [M]. 北京：电子工业出版社，1987：97.
③ 胡永钫. 上海电力工业志 [M]. 上海：上海社会科学院出版社，1994：17～23.
④ 葛涛. 声音记录下的变迁——清末、民国时代上海唱片业兴衰的社会、政治及经济意义 [D]. 博士学位论文. 上海：复旦大学，2008.
⑤ 大中华电器公司每日两次播送新闻 [N]. 申报，1932-4-5.

图 2-7　20 世纪居民收听唱机
图片来源：矿石收音机论坛

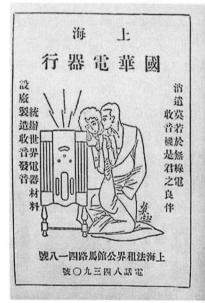

图 2-8　1920 年上海收音机广告招贴
图片来源：矿石收音机论坛

放，一时引起轰动，这种无线电广播的方式不仅打破了听唱片必须买价格昂贵的唱机的局限，并使收听者人数极大扩展。富者买价格昂贵的洋货收音机（图 2-8），贫者则使用廉价的矿石机收听广播，无线电接收器数量和品种猛增，收音机渐渐进入了当时的家庭，成为继电灯后的第二件家用电器。

（4）中国近代电磁学科萌芽

在第一次世界大战中，电磁技术显示了巨大的威力，受到了全世界的关注。我国科技界和教育界一些学者，怀着对电磁科学的浓厚兴趣，运用各种形式进行探索。1898 年创办的京师大学堂[①]，办学方针为"中学为体，西学为用"，京师大学堂预备艺科设有电学课程；"1902 年开办山西大学堂，于 1911 年设立电气学科；1903 年开办京师高等实业学堂，设电气、机械等四科；1924 年，上海南洋公学正式在电机系中设立无线电专业"[②]。这些都是中国最早从事无线电技术教学和实验的高等学府，对无线电技术的传播起到了启蒙的作用。当时，上海南洋公学传播无线电技术的方式是，通过教学培养出一批早期从事无线电事业的技术人才；通过出版无线电技术刊物杂志，在社会上引起无线电业余爱好者的兴趣；开展无线电学术活动，定期和不定期吸收业余无线电爱好者进行各种无线电学术讨论。

在努力倡学的社会风气下，无线电业余爱好者队伍日益扩大。有的厂商开始编辑出版各种无线电刊物和书籍。1922 年，亚美股份有限公司编辑出版了《第一无线电入门》[③]。到了 20 世纪 30 年代，出版无线电技术书刊的厂家增多，除亚美股份有限公司外，还有业余无线电研究社、中雍电机厂等单位。内容也日趋丰富，其中主要杂志有：《无线电问答汇刊》《中国无线电》半月刊、《应用无线电学》《业余无线电精华》《实用无线电修理决要》《无线电初阶》《修理用参考线路图》等无线电书刊。

1933 年，上海成立万国无线电业余协会。这是一个从事无线电技术研究的群众学术团体[④]。参加者大多来自高等学校、无线电杂志社、研究机构、工商企业和一些业余无线电爱好者。无线电科学技术还通过一些单位和团体所举办的各种展览活动中得到传播。从 20 世纪 30 年代起，除亚美股份有限公司曾举办过多次无线电展览会外，还有国民党政府举办的中国第一届电讯器材展览会、铁道通信无线电展览会等。

继上海南洋公学创办无线电教学之后，20 世纪 30 年代，各类无线电技术学校（包括函授），以及各种短期无线电学习班纷纷开设。这类学校对传播无线电技术，培养中等无线电技术人才均起到良好的作用。其中有中国无线电工程专科学校、中华无线电学校、南洋无线电学校、亚达无线电学校等。

---

① 中国电器工业发展史编辑委员会编. 中国电器工业发展史 综合卷 [M]. 北京：机械工业出版社，1989：11.
② 中国电器工业发展史编辑委员会编. 中国电器工业发展史 综合卷 [M]. 北京：机械工业出版社，1989：13-16.
③ 芮敏行. 中国电子工业地区概览 上海卷 [M]. 北京：电子工业出版社，1987. 其中记载"这是一本无线电科普书籍，内容有无线电使用工具介绍、加工线圈、设计、制造和安装调试矿石收音机等".
④ 朱莺. 民国时期广播事业发展状况研究 [J]. 求索，2004，03：240-242.

2.1.2　中国家电工业产生

（1）民营电灯泡工业的产生

电力事业在中国发展带动了电器周边产品销量大增，晚清时期中国并没有能力制造电器设备，一切器材皆靠进口[①]。1882年，英商在上海乍浦路创办上海电气公司，所用的电灯泡均依赖于国外。到20世纪20年代初期，各国每年输入上海和通过上海口岸输往内地的电灯泡数量达50余万只。其中，比较大的有荷兰的"飞利浦"（图2-9）、德国的"亚司令"和美国的"奇异"等品牌。美国通用电气公司在上海设立中国奇异安迪生灯泡厂，生产灯泡，兼产电瓷及家用开关。美国垄断资本利用我国的廉价劳动力和就地取材，减少运输途中的损耗和费用，以榨取更多的利润，首先在上海设厂。美国通用电气公司在上海四川路南京路口投资开设奇异安迪生电灯泡厂，雇用职工50余人，生产普通照明灯泡。后扩大生产规模，在沪西劳勃生路购地130余亩（约为8.67hm^2），建造厂房，增添机器设备，改名为奇异安迪生电器公司，电灯泡月产量猛增至10万只左右[②]。当时市面上一半的电灯是美国奇异爱迪生公司生产。继美商奇异安迪生电器公司，其他外商在上海开设灯泡厂的还有德商的亚浦耳电器厂、日商的博利安厂、林威尔灯泡厂等。

图2-9　飞利浦长丝尖底灯泡
图片来源：扬州照明博物馆

随着电灯泡市场的扩大，吸引着部分民营资本对电灯泡工业的投资。1921年4月，胡西园[③]在上海南洋公学周志廉工程师、南洋路矿学校钟训贤二人的协助下，试制出第一只长丝白炽灯。1924年胡西园在上海建立了灯泡厂，生产白炽灯泡和充气灯泡。1924年9月，国货代表团在新开河外滩码头欢迎孙中山先生由广州来上海，并把二只长丝白炽灯泡赠献给孙中山先生，得到孙中山先生的勉励。1925年，原任职于上海公共租界工部局电气处的德国人亚浦耳（OPPEL）创办的亚浦耳电器厂，因经营不善无法

---

① 孙毓棠. 中国近代工业史资料：第1辑[M]. 北京：中华书局，1957.

② 根据1934年上海市社会局资料统计。

③ 胡西园，中国资本家，和工程师李庆祥分别建立了亚浦尔灯泡厂和华德灯泡厂。亚浦尔于1930年进入南洋市场和飞利浦灯泡竞争，质量可与奇异、飞利浦抗衡。

图 2-10　亚浦尔灯泡广告招贴

图片来源：矿石收音机论坛

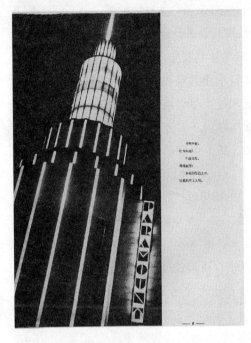

图 2-11　1935 年上海百乐门霓虹灯夜景

图片来源：中和电灯杂志，1935，3（3）：9.

维持将厂内资产及亚浦耳商标，全部卖给胡西园。胡西园购进亚浦耳电器厂以后，经过重新改组，定名为中国亚浦耳灯泡厂股份有限公司（图 2-10）。1930 年，亚浦耳灯泡厂股份有限公司在上海鄱阳路增设电机制造部改名为中国亚浦耳电器厂，成为上海最早开设的民营电灯泡制造厂。

在以后一段时间内，民营资本投资上海电灯泡工业的还有华通灯泡厂、上海灯泡制造公司、华德电光股份有限公司等，其中华德电光股份有限公司最有影响。1929 年李庆祥合股集资创办华德电光公司，生产霓虹灯（图 2-11），1932 年起生产长丝白炽灯，并从华德路上的狭小厂房迁到欧阳路新址，扩大了生产规模。1933 年，上海地区共有大小灯泡厂 11 个，合计每月灯泡产量约 120 余万只，产品遍销全国。同时，上海灯泡开始出口，每年 50 万只左右，远销南洋群岛各地。[①]

中国本土民族工业的介入和技术的成熟，霓虹灯的出现，让整个城市进入了"灯红酒绿、觥筹交错"的娱乐新环境，繁华了城市经济，真正地让当时的中国进入了城市化夜生活的氛围中。

灯泡工业是中国家电产品中技术相对简单也是技术最早成熟的产业，1949 年新中国成立时其他家用电器工业寥寥无几，但电灯泡厂依旧有好几家并能正常生产，并有一些电器附件，主要是灯头、插头插座等。

（2）无线电工业的产生

无线电科学技术的传播，孕育着上海无线电工业的诞生。它的形成大致有四种情况：

---

① 黄晞. 中国近现代电力技术发展史 [M]. 济南：山东教育出版社，2006：30-38.

1）一些商行在销售收音机和无线电零部件的同时，由于业务的需要，不得不同时提供一些修理服务，再由修理走上"商兼工"的道路。据当时资料记述："美国行号常在上海着手，有时且以小小零件托付华人工厂制造，定制日多，传播日广，仿制者日众。"[①]　"上海无线电业务随电台起而兴旺，一二人，二三人不等的简易业所不下20余家，这些业所大多夫妻一对一，或亲戚兼雇，购置一二台设备，制作修理又带仿造一些零件。"[②]

2）一些商行开始提供收音机维修的业务，逐渐由单纯的维修转向简单无线电零件的制造。随着进口收音机品种的增加，从事维修业务的人员必须熟悉不同收音机性能和构造原理才能承接各种机种的修理业务。从事收音机维修业务的商行不得不逐步掌握和提高了无线电技术水平，不仅能修理收音机，还需要具备制造简单无线电零件，并逐渐能够生产出接线柱、分线器、插头座、可变电容器、线圈、纸介电容器和舌簧扬声器等一批收音机零部件。

3）国内各界人士对无线电的广播和接收产生了的极大兴趣和爱好。特别是无线电科学技术知识的广泛传播，使一些早期的无线电业余爱好者开始从事无线电维修和制造的行业。

4）在国外学成回国的中国留学生，以其爱国热情和所学之长，满怀希望，兴办了一些有一定技术力量的小规模无线电企业，推动了无线电工业的发展。

以上四个方面，形成了上海民营无线电工业的萌芽。从20世纪20年代起，先后创办的有亚美股份有限公司、中华无线电研究社、三极锐电公司、中国无线电业公司等单位，其中亚美股份有限公司和中国无线电业公司是我国早期很有影响的民营无线电企业。亚美股份有限公司是由苏祖国等姐弟7人所发起的。其父在上海南市中华路开设大南电器行，制造五金用品及无线电零件，也贩卖一些无线电书籍和进口无线电零件。在上海大南电器行的基础上，再筹建起亚美股份有限公司。

它的经营方法是：

1）设立制造厂：通过仿制国外无线电零件到组装整机。历经十年的潜心努力，研制成功了我国第一台1651型五灯超外差式收音机（图2-12）。

---

①　见1924年《东方杂志》第21卷18页文章记载。
②　胡道静. 上海广播无线电台的发展 [N]. 交通职工月报，1936（4）：58.

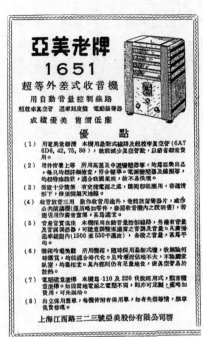

图 2-12　亚美 1651 收音机广告

图片来源：华南理工大学电子数字博物馆

2）开设门市部，亚美股份有限公司在江西路租借店面房屋设立门市部，把服务优良作为宗旨，以"业余家必需之物，亚美公司皆备之"的口号，吸引各界人士对无线电技术的兴趣和爱好。特别对无线电业余爱好者，包括中小学生组装矿石机有所需求，即使是零星小生意，包括一根导线、一块焊片，他们尽力满足其需要，并热情逆行技术指导。

3）努力扩大无线电科学知识的传播，出版无线电书刊，举办无线电展览会，自建无线电广播电台。

继亚美股份有限公司开设后，一批无线电生产企业相继出现（表 2-1）。1926 年，陶胜伯等人开设了无线电研究社，从事无线电收发报机的制造。同年，南洋公学的张延金等人又创办了三极锐电公司，从事小批量无线电机制造。1927 年，曹仲渊创办太华科学仪器公司，从事小批量无线电收发报机的制造。

20 世纪 20 年代中国无线电工业生产企业[①]　　表 2-1

年份（年）	厂名	所在地	创建人
1920	亚洲电器厂	上海	国民党政府、加拿大、美国
1924	亚美股份有限公司	上海	苏祖国
1926	无线电研究社	上海	陶胜伯
1927	太华科学仪器公司	上海	曹仲渊
1928	利闻无线电机厂	上海	方彬川
1929	中国无线电业公司	天津	胡光鹿
1929	建设委员会上海电机制造厂	上海	国民党政府
1931	交通部上海电讯器材修造厂	上海	国民党交通部

资料来源：根据《中国电子工业地区概览》统计资料整理

———————

① 芮敏行. 中国电子工业地区概览 上海卷 [M]. 北京：电子工业出版社，1987. 统计资料整理。

无线电广播电台的迅速发展，促进了广播无线电制造业的发展，上海早期民营无线电工业，除亚美股份有限公司生产无线电收音机及其零部件外，20 世纪 30 年代还有华昌无线电厂生产的 6 灯干电池旅行收音机，中雍无线电厂生产的 5 灯电子管收音机，亚尔电工社生产的 5 灯电子管收音机，其中亚尔电工社生产的"模范乐"牌收音机于 1937 年起曾出口到暹罗（泰国），数量达到 1000 余台[①]。这家工厂成为我国最早出口收音机的生产工厂。为收音机、收发报机等产品配套的无线电零部件厂，这一时期也相应发展起来，其中有精美无线电厂、麟记蓄电池厂、信记储电器厂、周协记无线电行、信孚电机厂等。这些产品虽然生产手段落后，数量不多，但在国内大部分属于首创，在中国早期无线电工业的形成中占有重要的地位。

在民营无线电工业形成和发展的同时，国民党政府也着手开办无线电厂。1929 年起先后建立建设委员会上海电机制造厂、交通部上海电讯器材修造厂，以及中外合资经营的亚洲电器公司。建设委员会上海电机制造厂的前身是上海无线电制造厂，主要生产无线电台用收发报机和移动式短波无线电收发报机供军用。后工厂扩迁于上海小西门，继续制造短波无线电通信设备。

（3）电扇及其他家电配件的生产

由于在 20 世纪 30 年代家用电器极其昂贵，仅仅是一个全铜带香水盒的电扇售价就达 1000 大洋[②]，并由于电机依赖进口，有些家用电器只能依赖进口，作为奢侈品供少数人享用；中国本土民族电器工业逐渐涌现（表 2-2），从最初仅能生产一些电灯泡、手电筒的工厂，逐渐发展到少数几家厂家可以生产电扇和电器附件。最早生产电扇的企业是上海华生电器制造厂。该厂是在杨子保险公司支持下于 1916 年创立的[③]。创办人以叶有才为主，杨济川和袁宗耀参加，杨济川专管电扇的生产。初期生产的电扇结构是仿照美国产品设计的，风叶、网罩和风扇座均采用铜材制造，没有摇头结构。1935 年，成立上海华生电器制造股份有限公司，可年产电扇近 3 万台，产品远销南洋印度等国。日本侵华战争爆发后，该厂搬迁到内地，直到 1945 年抗战胜利，才重新迁回上海。中华人民共和国成立前，所用的胶木粉由国外进口，胶木产量不足，最初生产的灯头也有用

①　芮敏行. 中国电子工业地区概览 上海卷 [M]. 北京: 电子工业出版社. 1987. 100-105.

②　梁伟言, 本有. 择善固执的电扇收集狂——为上海世博会举办补上一段民族工业史 [J]. 世界博览（看中国）, 2007, 11: 64-67.

③　《中国电器工业发展史》编辑委员会编. 中国电器工业发展史 综合卷 [M]. 北京: 机械工业出版社, 1989: 21.

陶瓷材料制造。

中国电器工业生产企业[1]（1910-1930 年）　　　表 2-2

年份（年）	厂名	创建人	身份	产品类型
1914	钱镛记电业机械厂	钱镛森	洋行领班	直流机
1916	华生电器厂	叶有才	洋行职员	电扇、交流机
1919	华通电业机械厂	姚德甫	杨树浦电厂领班	开关、变压器
1922	益中电业机械厂	周琦	留美工程师	变压器、电瓷
1924	亚美无线电公司	苏祖圭	银行练习生	无线电器材
1925	中国亚浦耳灯泡厂	胡西园	资本家	电灯泡
1925	汇明电筒电池厂	丁熊照	资本家	干电池、电筒
1927	大华仪器股份有限公司	丁佐成	物理学家	电工仪器表
1928	孙立记电器厂	孙立琪	技工	手摇发电机
1929	华德灯泡厂	李庆祥	高级技师	灯泡、荧光灯
1932	华成电器制造厂	周锦水	五金店经理	交流电动机

2.1.3　中华人民共和国成立前中国家电企业发展概况

在中国家电工业发展史中，由最初"商兼工"兴盛期形成的民营家电商经历了战争与倾销的种种磨难，在家电生产上有灵活变通的优势，但同样也有着技术依赖性较强的缺陷，中国家电工业历经合并民营、建设军工、军事接管国内外资企业，直到中华人民共和国成立后"公私合营"，完成了中华人民共和国成立后家电工业的国营企业布局。

（1）中国民营家电业兴盛（1882-1936 年）

自 1882 年英国人在上海建立电厂引入电力，到美商上海电力公司获得租界经营许可，上海租界区很长时间享受着全亚洲甚至全世界最低廉的电力供应。[2]1915 年由于中日签订了丧权辱国的"二十一条"，让"抵制日货"开始出现在中国民众的心中，加上第一次世界大战爆发，西方国家无暇东顾，流入中国的物资渐少，而电器上极度依赖国外舶来品，从国外大量进口

---

① 芮敏行主编. 中国电子工业地区概览 上海卷 [M]. 北京：电子工业出版社，1987. 统计资料制作。

② 樊果. 近代上海公共租界中的电费调整及监管分析：1930-1942[J]. 中国经济史研究. 2011（4）：141-155.

（a）美国 RAC 收音机

（b）中国亚美收音机

图 2-13　中美收音机造型对比

电器设备，在国内进行维修和组装的中国众多的民营家电业转而开始了本土自产家电产品。大量出身洋行和留美归国工程师进入中国民营电器工业，在技术上和产品外观上极度模仿舶来品（图 2-13），以价廉取胜。抗日战争前，是这些中国民营电器工业的发展黄金期，快速发展的电器工业和大量的电器需求刺激了中国本土民营企业大量涌现。所产家电产品有着与国外产品相似的外观和"洋货"的审美趣味。

（2）抗日战争中对民营家电工业的破坏（1937-1945 年）

1937 年抗日战争爆发。在日本侵略军铁蹄蹂躏下，上海本土民族工业损失惨重。中国电器企业一部分直接毁于炮火，一部分被迫内迁，一部分借英、美、法租界作庇护，继续生产。灯泡工业大多集中于沪东一带，受害尤烈。中国亚浦耳电器厂鄱阳路电机部厂房毁于炮火，辽阳路厂房机器设备被日寇占用，改名为日本芝浦灯泡厂。厂内部分机器设备内迁四川，途中又遭轰炸，损失法币达60多万元[①]。中国无线电业公司、华昌无线电厂等单位在内迁中也同样遭到日机轰炸，惨遭损失。在抗日战争爆发前，上海电器企业包括电灯泡、有线电、无线电行业共有企业 130 家，经过战火的破坏，日寇的摧残打击，到 1942 年仅存 37 家[②]。

（3）内战时期国民党政府电器工业发展（1945-1949 年）

抗日战争胜利后，新开设的收音机和电讯元件的民营企业有宏音无线电厂、公利电器厂、环球电器厂、复旦电机厂、利闻无线电机厂、天和电化工业社、东亚扬声器制造厂、亚东电机厂、兴乐电业厂、司东电业厂等。看似蓬勃发展，但也有其致命的弱点：

---

① 上海社会局档案. 社会电工器材业务卷 68 页.
② 芮敏行. 中国电子工业地区概览 上海卷 [M]. 北京：电子工业出版社，1987：106.

1）以修理起家多对国外技术具有严重的依赖性，关键性的原材料均控制在外国人手里。

2）小厂多，大厂少，零件厂多，整机厂少，厂房设备简陋，作坊式生产，手段落后，效率低。

3）基础十分薄弱，先天不足，发展畸形，技术基础薄弱，纯粹以防止为主，一旦国外实行倾销政策，便毫无抵挡之力。对此，在抗日战争后，国民党政府在接收敌伪资产的基础上建立国有电器企业。1946 年 6 月，国民党资源委员会命令中央无线电器材厂总办事处迁回上海，筹建中央无线电器材公司[①]，后将公司研究室扩编为研究所，还设置了上海、南京、天津、重庆、广州五个营业处。

（4）内战时期民营家电企业概况（1945-1949 年）

随着全面内战的爆发，帝国主义势力的入侵，又陷入了困境。特别是中华人民共和国成立前夕，国民党政府不顾人民的反对，滥发金圆券，造成恶性通货膨胀，工业生产无法正常进行。此时，官僚买办资本利用特权伙同一些商人大量进口国外电讯器材以谋取暴利，冲击上海市场，打击民营电讯器材工业。据当时新闻报道："抗日胜利以后，国内的进口商非常地活跃，他们以高额外汇，尽量地装运外国货进口。所以大批华丽收音机也随着进来，争奇夺艳地陈列于市场。这种大批机件，非但消耗本国许多宝贵外汇，同时也给国内制造业一个沉重的打击。"[②]

同一时期，美国又积极将第二次世界大战中的军用剩余物资用兵舰运进上海港口。军用剩余物资中有大量的无线电通信器材，其中拆换下来的电讯元件、真空管通过商贩，稍加整理，就整包整包地售予商店。商店将低价收购的剩余物资拼凑装配成粗糙的收音机，充斥上海市场，使民营电讯器材工业无法与之相竞争。

在官僚买办资本和帝国主义的严重打击、摧残下，上海电信器材企业纷纷倒闭。中华人民共和国成立前夕电灯泡工业被停工解散的厂家达 1/2，幸存下来的仅有 20 余个；有线电工业大都采取亦工亦商的办法，电话机生产的开工率只有 25%；无线电工业处于停工和半停工的状态，从事收音机及其零件制造的很多厂家，难以生存。

---

① 王玉茹等. 制度变迁与中国近代工业化 以政府的行为分析为中心 [M]. 西安：陕西人民出版社，2000：232.

② 严鹏. 战略性工业化的曲折展开：中国机械工业的演化（1900-1957）[D]. [博士学位论文]. 湖北：华中师范大学，2013.

（5）内战时期中共电器工业发展（1945-1949 年）

1940 年，中共山东省分局在胶东地区昆仑县设理化研究室，负责解决干电池制造问题，研究室职工 100 多名[①]。职工中包括 10 多名受过高等教育的知识分子，如秦有达、江萍、苟培萱等多名熟练技术工人。主要生产适用于电台、电话、行军照明等多种型号的干电池。1944 年冬，理化研究室改为胶东电料厂，属胶东行署领导。日本投降后，工厂制作飞机牌干电池供应烟台市民。

1946 年，胶东电料厂改隶胶东军区[②]，改名为胶东军区电器厂。当年试制成蓄电池。1948 年，胶东军区电器厂，滨北后方材料厂及渤海军区合并为华东军区总厂，由华东军区通信部领导，有三个分厂和一个云母矿，分厂设博山，主要修造手摇发电机，主要制造干电池和蓄电池。三分厂设济南，主要修造发报机、电话总机及无线器材。1949 年总厂取消，三个分厂和一个云母矿改为三个厂，即山东电机厂、山东电池厂和山东电器修造厂，由华东工矿部领导。

由于战争时期原材料供应极为困难，除军工部供给一部分外，主要采取就地取材，如搜集日伪军抛弃的飞机残骸、炮弹壳及汽车弹簧钢等各种金属材料。产品所需的各种真空管、阻容元件等，主要靠各地收集、采购或拆用废旧装备。

为保证前线通信的需要，东北民主联军总司令部三处开始筹建通信材料厂。同时，中央军委三局亦抽调大批通信干部支援东北革命根据地建设。这些干部在三处的组织领导下，开始在沈阳、长春等地筹集通信器材，先向吉林省通化市集中，拟在辽南根据地选址建厂。1946 年因解放战争形势变化，国民党驻东北的部队向解放区进攻的规模不断扩大，已集中在通化的通信器材人员，又向较安全地区转移。先后经延边地区的龙井（现延吉县），及黑龙江省的汤原，到达东安市（现密山市）。利用当地原日军将校招待所和军官家属宿舍以及兵营建厂，立即组织生产。厂名暂称"通信联络处后方工厂"。该厂对外改称"中国人民解放军东北军区军工部赤河部"和"新兴公司"，对内称"中国人民解放军东北军区军工部直属第二厂"（以下简称直属二厂）。直属二厂职工来自五湖四海，有来自延安、东北军

---

① 中国电器工业发展史编辑委员会编. 中国电器工业发展史 综合卷 [M]. 北京：机械工业出版社，1989：48.

② 中国电器工业发展史编辑委员会编. 中国电器工业发展史 综合卷 [M]. 北京：机械工业出版社，1989：50.

区军工部队和部队工厂领导干部；原来自辽东军工厂的 200 多名职工，有从黑龙江各地接收的 200 多名日本人，其中大部分是工程技术工人，还有密山附近各县城和农村参军的青年。日本工人和技术人员是一支不可忽视的力量①。

1945 年抗战胜利后，工厂陆续恢复，电器工业逐步进行调整，以求发展。民营资本电器工业大部分重新集聚在上海，致力于重建工作，稍有成绩的，但由于国民政府对某些工厂的重建设置阻力，国民政府还与美国签订了关税减让协定，导致美货涌入，冲击了本土电器工业，以及通货膨胀恶性发展，故而给中国民营资本电器工业发展造成了困难。

2.2　中华人民共和国成立初期家电企业国有化进程（1949-1957 年）

中华人民共和国成立后，国家为了医治战争创伤，尽快恢复国民经济，采取了严格限制消费品进口的政策，保护了民营家用电器工业的成长。中华人民共和国成立后来自于不同背景的生产商在计划性经济体制下，开始了多种生产方式、多种渠道合并并建立国营家电企业。要研究中国家电产品造型演变轨迹，必须梳理中国家电企业历史沿革。

2.2.1　完成电器工厂国营接管

（1）接管国民党军工企业

1945 年，抗日战争胜利，从 1946 年开始，国民党政府资源委员会确定将所属各厂回迁"首都"南京重建。在南京北郊迈皋桥组建了"中央电工器材有限公司南京电照厂"，在东井亭组建了"中央有线电器材公司南京厂"，在城西南板桥镇组建了"中央无线电器材有限公司南京厂"。重建后，规模都不大，无线电器材有限公司最多时也只有 400 多人②。

1948 年解放战争胜利前夕，蒋介石亲召国民党政府资源委员会负责人孙越崎③，责令其将南京五个工厂，即中央电工器材有限公司南京电照厂、

---

① 日本在东三省建立伪满政府，大力发展工业，掠夺中国资源，在东北建厂生产军备和电子电器生产，有一定的经验，在军工厂生产中，日俘中的技术人员提供了很多技术资料。

② 于致田. 中国电子工业地区概览 江苏卷 [M]. 北京：电子工业出版社，1987：73.

③ 孙越崎，浙江绍兴人，为爱国实业家，曾与 1929 年至 1933 年间留学于美国斯坦福大学和哥伦比亚大学研究生院，后在英、法、德各国考察矿业，回国后，任国民党政府国防设计委员会专员兼矿室主任。

中央有线电器材公司、中央无线电器材有限公司南京厂和马鞍山机器厂及高压电瓷厂迁迁中国台湾。此时，南京各厂地下党组织积极活动，团结职工，以消极怠工、积极罢工为主要形式进行反对工厂迁台的斗争。另外，资委会委员长孙越崎、副委员长吴兆洪等人通过关系与我地下党上海情报组织取得了联系，并通过中国香港地下党负责人潘汉年同志，向周恩来同志汇报了此事。这样，在我地下党同志的推动下，孙越崎、吴兆洪和各厂负责人，都采取明拖暗斗的方式，赢得了时间，使这些工厂在南京解放时，完整地保留了下来。

中国人民解放军解放南京，南京市军事管制委员会主任刘伯承、副主任宋任穷发出"解"字号通知，任命军事代表，在南京地下党组织的协助下，迅速接管工厂。这些工厂是以刘仲华为军代表接管的"中央电工器材有限公司南京电照厂"，以王克为军代表接收的"中央无线电器材有限公司南京厂"，以赵彤为军代表接收的"中央有线电器材公司"[①]。工厂接管后，隶属南京市军事管制委员会南京建设委员会领导，上属华东工业部管辖，并分别正式命名为"国营南京电照厂""国营南京无线电厂""国营南京有线电厂"。南京无线电厂即后来的熊猫电子集团有限公司，南京无线电厂在当时属于中华人民共和国成立后有一定技术基础的电子电器兵工厂，源于军事接管时其技术生产线的完整保留和技术人员的存留，南京无线电厂为后来的中国电子电器工业的发展起到了巨大的贡献作用，工厂先后试制成功了全套收信放大电子管和全国产电子管广播收音机，结束了过去依靠进口零部件组装收音机的历史，由于技术底蕴深厚，诸多中国无线电技术的第一都诞生在这里，例如中国第一台全国产化短波收音机。

（2）接管国内外民营资本工厂

中华人民共和国成立以前有国家资本工厂、民营资本工厂、外国资本工厂和解放区新民民主主义经济性质的电工厂。国民党政府国家资本工厂主要的生产能力是 1937 年以后才发展起来的。它们是资委会的中央电工器材有限公司（图 2-14）、中央无线电器材公司、中央有线电器公司和电瓷公司。产品有电力机械、电线、电池、无线电器材、照明器具、电子管、电话设备、电瓷等。在当时，由国民党政府建立的国资工厂的技术力量稍强一些，设备也好一些，主要是由于其引进的是美国生产线和进口国外原材料，但其产量却很低。民营资本电器工业，大部分集中在上海，是当时中国电器工业的一支比较活跃的力量，尽管多数工厂资金短缺、设备陈旧，但因其拥有技

---

① 于致田. 中国电子工业地区概览 江苏卷 [M]. 北京：电子工业出版社，1987：75.

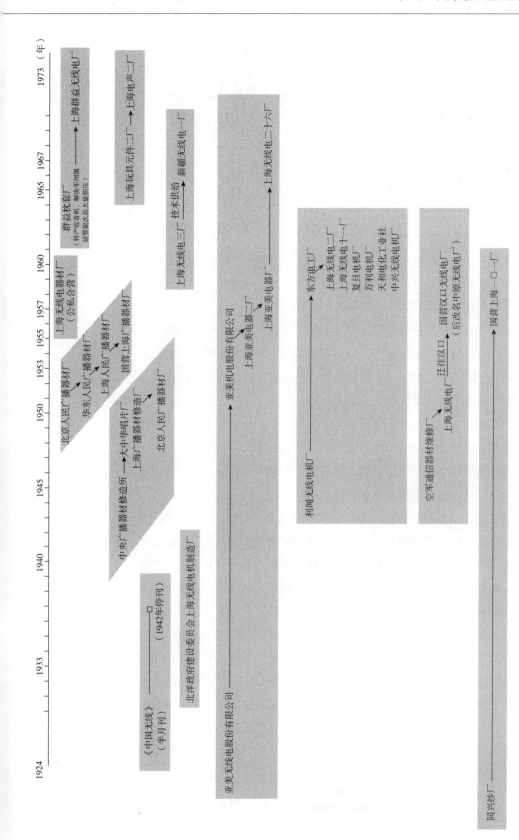

图 2-14　上海家电企业沿革

图片来源：作者整理企业沿革资料绘制

参考书目：中国电器工业发展史编辑委员会编 . 中国电器工业发展史 综合卷 [M]. 北京：机械工业出版社，1989.

术人才，又有竞争意识，不少工厂在中华人民共和国成立后经过改组成为较强的国营工厂。外国资本电器厂主要是美国和日本的。美国两个资本工厂都在上海，一个是安迪生灯泡厂，另一个是中国电器股份有限公司，后被收为国营工厂。日本的资本工厂大部分设在东北三省。

中华人民共和国成立后，原来从事中国最早的电器产品的很多个体户和私营业主并没有消失，而是融入了民间的"生产合作社"，因为之前这部分人从事过修理、组装电器，保留着相当一部分的元器件，所以制造出一批质量相当高的无线电收音机，并且这些生产合作社与 20 世纪 70 年代大搞社办厂制作电器产品有着本质的区别。

首先这些"民间生产合作社"并不是一个组织严密的工厂，只是在自己的店铺生产，而后统一交付产品，由上一级国家组织统一进行质量管理和统一销售。产品质量甚至要超过一些国营小厂。

在设计风格上主要是使用中华人民共和国成立前存留的元器件组装和模仿以往的进口机，属于模仿型生产，因为从业人员技术相对成熟，一度曾经试图创造出自己的品牌，例如"中苏牌"收音机就是当时合作社中规模较大的"北京市生产合作总社电器制造厂"生产的。[①]

这些无线电从业者创办的合作社对中国的电器生产起到了承前启后的作用，也是中国家电业在民间的技术启蒙。但由于体制管理，这些合作社并没有得到很好的发展机会，并在随后的"大跃进"运动中一拥而上产生的街道电器厂挤压下，逐渐退出中国家电业。

（3）接管国民政府时期引进的国外生产线

抗战结束后，除了美国的收音机与元器件产品潮水般涌入中国，除了成品进口、各地小作坊、无线电行也利用进口散件装配。美国的收音机生产管理很严格，对成品机的标识也极为清楚，品牌、型号、产地等。输入中国的套件即使组装后全是美国部件，也不能标注美国制造，一定要注明中国某地装置。国民政府中央无线电器材有限公司甚至从美国引进了收音机生产线，以及大量收音机套件，准备装配美国收音机。中央无线电公司天津厂、中央无线电器材有限公司南京厂，分别有一条大规模的生产线，生产美国收音机。中华人民共和国成立后，这些厂和生产线被完整地接管了下来并继续生产。实现家电产品整机国产化之前，依旧采用了进口零部件组装生产了部分家电产品。

---

① 陈汉燕，徐蜀．广播情怀．经典收音机收藏与鉴赏 [M]．北京：人民邮电出版社，2013：74．

2.2.2 军工厂式家电生产制

中华人民共和国成立后中国政府实行了集权式政府介入工业发展模式，建立轻工业部，按专业对口原则将接管过来的家电工厂合并或重组，将所有电器厂重新编组。采用苏联式生产资料配给。最特殊的是无线电属于电子工业，属于从国防科技工业中分化出来的第四机械部。在中华人民共和国成立初期属于国防工业，对外，众多电子工厂以军用代号命名[①]。例如当时称为714厂，实际上就是南京无线电厂，位于逸仙桥，它曾是南京的骄傲，接受第四机械部任务为国庆制造彰显中华人民共和国成立十周年中国电子业发展实力的献礼机。除了生产收音机，714厂还生产收发信机（电台），后来改为熊猫集团，业务紧紧围绕电子产品为主，并拥有多家合资企业。此外，还有一些代号命名的军工企业如797厂（北京第一无线电器材厂，图2-15）、742厂（江南无线电器材厂）。这些军工企业采取中央与地方双重管理机制，实行资源集中配给制，除了生产民用设备，还提供军需设备。

这种体制在中华人民共和国成立早期计划型经济体制下，对于家电产品市场小、电子工业科研量较弱的情况是有积极作用的。企业从生产军品实现技术提升，并在军工产品换代的同时，机动性将军品转为民用。在收音机这个领域，可以找到当时由这些军工企业为军工服务的同时军民结合，利用自己的军工生产技术优势生产民用收音机、扩音机、广播发射机以及收录唱多用组合机等产品。一方面把军工产品需要的新元器件（如收信电子管等）先在收音机上试用，技术成熟后再用于军品生产，为军工生产积累经验和培训生产技术队伍；另一方面又把军工生产成熟的工艺技术应用于民用电器产品生产，促进了家电产品质量的提高。军工企业在计划性经济体制下是国营家电生产企业的重要组成部分。

2.2.3 扶持带动电器周边产业

在计划性经济体制下对全国各行业企业同一划分，扶持建立电器厂配套产业，这既是中国家电产业快速发展的需要，也是由于当时电器周边产业缺失、技术"内核"[②]动力不足、资源紧缺条件下的举措。

---

① 中国电器工业发展史编辑委员会编. 中国电器工业发展史 综合卷 [M]. 北京：机械工业出版社，1989：52-75.
② 由于中国跳过了第一次工业革命与经历不完全第二次工业革命，跳跃式发展造成缺失核心技术甚至基础机械加工工艺。

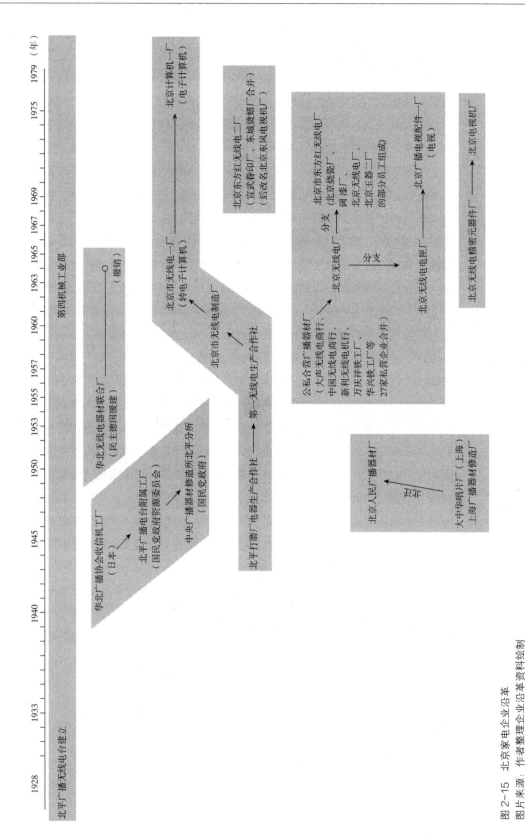

图2-15 北京家电企业沿革

图片来源：作者整理企业沿革资料绘制

参考书目：中国电器工业发展史编辑委员会编. 中国电器工业发展史 综合卷 [M]. 北京：机械工业出版社，1989.

（1）模具业发展

家电生产设计必须要有复杂的模具开发和复合材料的支持的。注塑工艺的成熟会改变科技领域的产品造型外观，还将其影响扩散到生活各处。电木粉的压制，磨具开发和注塑工艺的产生成熟，钣金工艺、冷轧钢板的技术，这些在家电生产过程中极其重要，并至今经久不衰。但在当时的中国显然无法做到，中华人民共和国成立初期，由于复合材料无法自产且模具生产水平较低，故形成了中国电子电器早期的基本面貌，木制外壳、铁壳、塑料旋钮，笨重且方正的体貌特征。在整个"大而全"的封闭式全能企业的体制以及长期存在的"重产品、轻工艺"的影响下，专业化协作生产模具的体制难以形成。因此，模具生产技术发展缓慢，致使现代化产品落后于先进工业国的水平。

在经济恢复时期，模具主要靠模具工人的手工技艺和经验来制造模具。因此只能制造电机、电器用无导向系统的单槽冲模、单工序冲模、弯曲模和拉伸模。直至派往苏联学成回国的人员，从苏联带回了大量设计参考资料以后，经技术人员的努力，才较普遍地进行模具设计，从而生产出了精度较高的复式冲模，"1955 年，中国建立全国第一家专业模具厂——天津电讯模具厂。1958-1965 年时期，由于电加工工艺、成形磨削工艺、铣削加工的配套，复式冲模结构进一步完善，才开始制造高寿命硬质合金冲裁模具和高效级进模"[①]。而塑料模的制造则由热塑性注射模替换落后的热固性塑料模，出现了一模多腔的结构。塑料模具制造的滞后和胶木粉的匮乏直接导致了很长一段时间中国的家电依旧依靠了中国长久以来较为成熟的天然材质传统机械工艺的加工方式，而不是使用复合材料进行模具冲压生产。60 年代后期，模具制造工艺日臻成熟，为"文革"时期大量塑壳机的产生提供了必须条件。

（2）国家对原材料生产的扶植

北京电子管厂建厂初期主要产品是电真空器件，所需材料品种多、用量小、性能要求严，不但要耐高温，易去气，蒸发度小，化学稳定性强，阴极溅散小，而且要求有适度的辐射性能和透明度，易加工、耐腐蚀这样高的要求在中华人民共和国刚刚成立、工业基础十分薄弱的情况下解决起来是相当困难。在建厂协议中规定投产后援建方提供 1~3 个月的用料。然而，这一协议不但不能保证，而且投产前试车用料，在品种、数量上也发生了问题。

① 陈良杰. 中国模具发展史 [J] 模具工业. 1985（01）.

向国外订货，要耗费大量外汇，这在当时是很困难的。于是当时提出了"自力更生"的方针。国家开始有计划地建立材料试制供应点："化工材料以上海化工原料工业公司为主；化学试剂以京试剂厂为主；有色金属以苏家屯有色金属加工厂和 123 厂、大连钢厂为主；纯铁板和铝合金板以太原钢厂和上海铝合金材料厂为主"[①]。北京电子管厂组织了材料国产化、材料试制、代用和供应工作。国家举办了电子管解剖展览。邀请冶金、化工、建材、轻工等 8 个工业部及有关厂矿领导、技术人员 2000 多人到北京电子管厂参观，使他们了解电器业生产所需材料的种类、要求。宣传展览受到有关厂的欢迎，有的单位在参观中间就索取了材料清单和技术要求。为落实材料试制要求和进度，北京电子管厂又派人到上海、东北、天津、北京联系和参加原材料试制工作。

2.3 "大跃进"时期的发展与制约并存（1958-1965 年）

2.3.1 "大跃进"时期工业发展概况

1958 年自上而下发起的"大跃进运动"，是全国范围的"破除迷信"、发动群众积极性的运动。当时通过"农业大跃进""科学大跃进"等活动，全国上下推行"敢想、敢说、敢干"的思想，从企业到工厂，从科研所到农田，全国范围内掀起了轰轰烈烈地为中华人民共和国成立十周年"献礼"，从目前经典国货的研制时间来看，众多工业产品建厂、生产、研发的时间都是在"大跃进"运动前后（表 2-3）。"大跃进"在当时促使了全民力量由农业向工业生产倾斜，一大批工业机床和制造机器的生产，在一定程度上带动了家电制造产业。

中国"大跃进"时期内开发的工业产品（1958-1960 年）　表 2-3

第一台研制成功时间	产品	生产商
1958.5	红旗轿车	长春第一汽车制造厂
1958.1	135 上海牌照相机	上海照相机厂
1958 年底	国产 T-54A 国产坦克	不祥
1958 年	凤凰牌自行车	上海自行车三厂

---

① 中国电器工业发展史编辑委员会编. 中国电器工业发展史 综合卷 [M]. 北京：机械工业出版社，1989：50-138.

续表

第一台研制成功时间	产品	生产商
1958 年	第一台黑白电视	国营天津无线电厂
1959 年	第一台彩色电视机（未批量生产）	国营天津无线电厂

注：参考沈榆，张国兴. 中国工业设计档案 [M]. 上海：上海人民美术出版社. 资料绘制。

从工作积极态度上来看，"大跃进"的全民工作积极性也是世所罕见的[①]，技术人员和工人打成一片，义务为工作加班加点，为了赶制"献礼机"，甚至卷着铺盖住在厂中[②]，夜以继日地工作，有的在实验室 24 小时忙不停。在如此干劲中，通过仿制国外的家电产品，有些不仅成功，甚至在某些指标上超过了国外产品。这些以"革命热情"发动的工业运动确实会在短期内取得快速的发展，但由于并非通过流水线工业化制造，所以在量产普及上都遇到了问题。

2.3.2　浮夸风下的家电生产概况

这一时期，中国出现了很多家用电器突击研发，但并不是以服务大众推向市场为目的的，而是"放卫星"式地向世界证明式地开发了许多基本技术达到世界同类产品的家用电器。1962 年中国外贸部门根据国际市场要求[③]，引进了一批家用电器样品，作为仿制之用，并在上海、广州、沈阳等地先后成立了家用电器公司。《中国电器工业发展史》记载："……1958 年中国第一台黑白电视在国营天津无线电厂试制成功……翌年，彩色电视同样在天津研制成功（未批量生产）……1962 年，电扇年产量为 13 万台，电熨斗年产量为 5 万只。1959 年，上海大华电器厂试制出第一台吸尘器，1962 年，又试制出窗式空调器……沈阳日用电器研究所试制出第一台洗衣机……1962 年前后，仿制和试制了家用双桶洗衣机、窗式空调器、电饭锅、面包炉、电动剃须刀、吸尘器和家用电冰箱。"

然而这批家用电器多未能批量生产，"大跃进"时期，家电产品更被赋予了一种现代化的象征物形象。1958 年山东范县县委书记谢惠玉在万人大会上做报告时曾提出过渡共产主义规划中对共产主义现代化"电气生活"美

---

① 张志辉. "科学大跃进"初探（1958-1961）[D]. 合肥：中国科学技术大学，2007. 其中对"大跃进"种种描述。

② 人民日报社论：冲天干劲和科学分析的结合 [N]. 宁波大众，1958-12-22.

③ 1962 年，第一机械工业部广州电器科学研究所编写《中国日用电器十二年发展规划》，推动引进家用电器进行仿制。

图 2-16　大炼钢铁

好的形容为："……室内室外公路电灯化，有事摇摇电话机……饭前饭后开开收音机，北京上海好戏随便听听它。"[①]

　　然而这股浮夸风并没有实质性地提高家电产量，在频频创造了"中国第一"之后，家电生产打乱了原有生产秩序，在"破除迷信""大办工业"的口号下经济偏向以钢铁为主的重工业，与民生相关的家电生产受到挤压，产品质量下降、供应短缺。电扇更因主要材质为金属，在"大炼钢铁"期间被损毁无数（图 2-16）、生产电扇企业也尽可能用其他材质替补电扇部件以达到节省金属的目的。

2.4　"文革"时期——曲折前进（1966-1976 年）

　　20 世纪六七十年代期间，国际上的家电工业正处于振兴和高速发展时

---

① 罗平汉. 1958 年的神话："跑步进入共产主义" [J]. 党史文苑，2014（08）：26.

期，集成电路、计算机、卫星通信等新技术的出现和迅速推广，推动了社会生产力的发展。中国的"文化大革命"对中国的家电工业的发展产生了一定的影响。这段时间的家电产品在外形设计、装饰风格上极具时代特色，并且由于政治需要，家电中的无线电收音机生产得到了快速地发展，家电造型摆脱了中华人民共和国前的"崇洋"和中华人民共和国后的"仿苏"，甚至不再拘泥于电器普通形格，出现了"红、光、亮"等大胆外形设计及"符号化"的时代特色，在当代的博物馆收藏中，"文革"时期的产品往往会得到特别的关注。

2.4.1 政治运动带动收音机普及

1949 年 9 月，一篇"新华广播稿"中阐述了中央对收音机广播事业发展的规划：无线电语言广播事业，是"教育中国人民的非常重要的工具"[1]。这使得收音机与广播的地位得到空前提高。"1963 年 8 月，商业部、四机部广播事业局和财政部在北京联合召开的广播收音机专业会议上，明确强调收音机是丰富文化生活、传播科学知识和向广大干部和群众进行思想教育的重要宣传教育工具，要大力加强半导体收音机的发展"[2] "1966 年春天，周恩来总理再次提出，要积极发展农村地区广播网建设，让无线广播和有线广播结合起来。随后，许多适合百姓使用的多功能以及简易收音机被相关企业制造出来，收音机的普及达到了一个空前的程度"[3]。直至 20 世纪 70 年末，全国已拥有 7500 万台收音机，90% 是便携式半导体收音机[4]。中国政府发起了轰轰烈烈的"彩电大会战"，将电视机抬高到"无产阶级专政的舆论工具"的位置，明确不能使用美国的制式，而要使用中国自己的彩色电视制式，推动电视机普及[5]。

经历了"大跃进"及 20 世纪 60 年代的自然灾害等困难，中国政府于 70 年代，推行家用电器走群众路线"亲民"设计，通过调整收音机税率、对半导体收音机的生产实行定期免税、技术改造和降低家用电器销售价格等一系列经济方针，制造低成本、面向大众消费的中低端家用电器，

① 新华视界，收音机里的中国. http://news.xinhuanet.com/mrdx/2013-05/31/c_132422534. htm.2013-05-31 往事新华每日电讯 9 版 2013（06）。

② 刘忠，刘国忠. "文革"时期的社会生活及其对后现代文化的影响 [J]. 甘肃理论学刊，2006（6）.

③ 赵玉明，曹焕荣，哈艳秋. 周恩来同志与人民广播 [J]. 现代传播，1979，01：1-9.

④ 中华人民共和国工业和信息化部编著. 1949-2009 中国电子信息产业统计 [M]. 北京：电子工业出版社，2011：41.

⑤ 新华社评论员文章. 文化大革命推动我国电视事业蓬勃发展 [N]. 人民日报，1976-6-4.

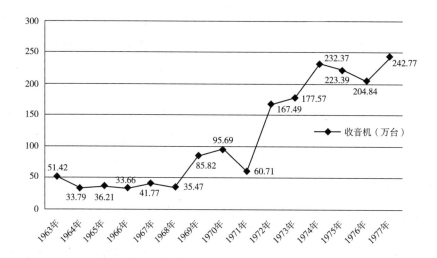

图 2-17　1963-1977
年上海市收音机产
量变化图
图片来源：根据上
海地方志绘制

限制发展昂贵的高端机。政策使得全国收音机、电视设计的目标转向大众
普及，造型方面限制在满足基本功能的基础上尽可能简化。进入"文革"
时期，由于知青"上山下乡""插队"造成的人口大迁徙，为了能够及时
关注"领袖最高指示"，收音机作为一种新的传播媒介得到了爆炸式发展
（图 2-17）。上海作为中国收音机最大产区，通过上海收音机产量的变化，
可以看出 60 年代后期笨重的电子管收音机生产进入尾声，更替为更容易
携带的塑壳小型半导体收音机，随着"文革"运动，70 年代中国半导体收
音机生产进入黄金期。

2.4.2　"文革"运动对家电产能的影响

这一时期，家用电器品种很少发展，产品设计制造长时间徘徊不前，时
起时落，曲折前进，艰难发展。据1971年11月的调查[①]："全国家用电器企
业由 1965 年的 140 家减少到 72 家；品种规格 300 个减少到 106 个，出口
量明显下降。而在国外和中国香港地区，20 世纪 70 年代，家用电器已在逐
渐普及，成为生活必需品……"。

"文革"期间的产品在造型方面有独特的符号性装饰，在造型研究中判
定生产时间段是重要的依据。

2.4.3　工业生产管理权改革下放

原有中央集中管理、集中分配生产资料的计划型"以产定销"方式，在

---

① 中国电器工业发展史编辑委员会编. 中国电器工业发展史 综合卷 [M]. 北京：机械工业出
版社. 1989：506.

70 年代后期矛盾日显。由于由国家统一收购、统一销售，家电企业不能自行定价，造成了对企业激励机制不够、生产信息不对称、无法使家电技术快速更新进步。在大背景经济失衡的情况下，国家进行了"权力下放"、管理松绑，是企业归属于地方、分灶吃饭，刺激地方经济。

从中央集权到地方管理，这是当时中国改革开放的前奏曲。更是因为，进入 70 年代，家电产品已不属于高新科技产品，无须由国家之力带动发展，下放企业以轻工业企业为主，家电企业首当其冲，国家从 1978 年起开始推行向企业"让利放权"的政策[①]，进一步刺激企业生产积极性。

在国家政策积极的鼓励下，电子电器工业首先在苏南地区发展起来。1970 年，无锡市郊县公社、大队首先办起了生产晶体管座的工厂[②]。常州市武进区办起了生产印制板的电讯器材厂和生产医疗仪器的无线电厂。苏州及其他城市郊区也陆续办起一些电子企业。乡镇企业首先在江苏特别是江南地区起步的原因是江苏地少人多，有丰富的劳动资源需要向非农业转移，举办乡镇工业，包括乡镇电子电器工业是解决农村剩余劳动力的重要措施之一。苏南农村文化发达，交通方便，有发展电子工业的有利条件。地区平均文化程度高，又有大量从上海等城市退休回来的各种技术专长的工人，有吸收消化新技术的智力基础。再次，苏南地区农副工业发展较早，经济比较富裕，有扶持电子工业的能力。

乡镇社办企业与城市电器工业比起来，技术、设备力量比较薄弱，企业缺乏新产品开发能力，产品质量不高，产品造型多为模仿大型家电生产厂的产品，并加以简化，使用较低规格的材料，以中低端家电产品为主。

2.5　经济恢复时期（1977-1979 年）

随着"文化大革命"的结束，拨乱反正，进入国民经济改革初期，随着国民经济的发展，给家用电器的发展创造了十分有利的条件，1978 年和 1979 年，轻工业部在北京和苏州召开家用电器座谈会，制定了 1979-1981 年三年发展规划[③]，为家用电器工业发展指明了方向。随后，国家允许并鼓励引进技术，允许国营、集体、外资等多种经济体并存。全国各地

---

① 郭熙保，陈志刚，胡卫东. 发展经济学 [M]. 北京：首都经济贸易大学出版社，2009.
② 于致田. 中国电子工业地区概览 江苏卷 [M]. 北京：电子工业出版社. 1987：106.
③ 1981 年中央政府工作报告中总结提出了这三年发展规划所取得的成绩，主要任务为拨乱反正，发展生产。

顿时掀起了一场引进国外生产线、生产设备包括产品设计全部图纸、产品生产原材料及注塑模具的热潮，国外家电技术开始在中国工业产业中覆盖式发展，所生产的家电产品造型和国外产品几乎一模一样，而由于全套引进设备，中国家电企业成为了一个独立的个体，和原先周边原材料、零件供给企业逐渐远离。

2.5.1　引进技术对家电产能的推动

改革开放前，国家一直在努力引进技术、引进生产线提高生产力。以彩色电视机为例，电视机得显像管等关键部位零件始终无法稳定自产，必须依赖进口。20 世纪 70 年代江南无线电器材厂（后改名为 742 厂，即无锡华晶微电子厂），生产彩色电视机用集成电路，产量一直上不去，成品率不足50%。后经过 4 年的努力，投资近 3 亿元，引进日本全套生产线，年产彩电用集成电路 3000 万块[①]，成品率接近 85%。从此，该厂成为我国规模最大、设备技术先进的集成电路生产基地。

由于当时中国家电业经济基础和工业基础的薄弱，即使经过了多年的发展，和国际的水平比起来，依旧相距甚远，国家决定实行改革开放，引进技术，不再"闭关锁国"，解决中国家电业因技术缺乏、工艺更新缓慢的问题。通过改革开放、技术交流，可以使中国的家电业成为"有源头活水来"，尝到甜头的家电行业纷纷争先恐后地向国外买技术买设备，但由于在开放过程中未能控制生产线的引入规模和引入方式，企业过度追求短期出效益，将整体生产线覆盖了本厂的所有生产工艺和流程，甚至连原材料也从国外进口，在产量大增的同时造成了中国家电产业本土设计、生产的衰退，中国的家电造型也依随各大技术引进国变得毫无本国特点。

2.5.2　引进技术对本土产业链的冲击

改革开放以极快的速度带动了新技术发展的同时，也造成了国营单位陷入了经济困境，人员下岗、失业。它使新技术充分进入我国，冲击了我国家电产业经济中生产机制不合理的那部分，也使国营单位一度垄断的技术人员向民营企业流动，给民企注入了技术支持，使得家电产业份额的比重向民企倾斜，技术人员中也由中国流向海外。

改革开放带来的另一个问题是，过度"一刀切"，中国家电产业一度可以跟上日本和韩国的发展速度，计算机方面也有涉及，从某些军工厂生产的

---

① 于致田. 中国电子工业地区概览 江苏卷 [M]. 北京：电子工业出版社，1987：190.

电器设备来看，质量甚至可以赶超德国，但在改革开放时期，全国各地为了搞活经济，在放弃消化吸收技术这一块的基础上全盘引进国外整套生产设备。改革开放后中国迅速为自己的家电产业找到了一个"国际定位"，代加工和制造组装业，不仅使中国的本土家电产品设计在改革开放全国各地家电国营企业大量引进国外整条流水线生产家电后中断，甚至使得中国本土的家电设计制造生产链都不完整了，中国各地的家电工厂从此之后生产的只不过是贴了牌子的国外淘汰型的家用电器。

因为流水线的引进，仿制国外家用电器变得轻而易举，不需要技术研发，也不需要外观设计，中国的仿制品家电在一些东南亚落后地区因价格比西方各国家电便宜许多而打开了国外市场，使久不景气的国产家电"起死回生"。例如小天鹅洗衣机厂，花费巨资通过中国环球公司租赁了技术和设备，整体引进了日本松下全自动洗衣机的整套技术，所有的模具都是日本的，所以在东南亚市场上引起了极大的关注，因为和日本洗衣机一模一样，但价格不到日本洗衣机的 60%，销量大增。小天鹅洗衣机厂从没有利润到创造了3 个亿的利润[①]。从此，中国大中型家电企业纷纷下海引进国外整体生产流水线，或与国外企业进行股份制改革，引进技术。在国内外大打价格战，生产没有核心自主技术的家用电器，虽然中国家电产业得到了巨大的爆炸式的发展，但对中国家电产业链上的配套型小企业而言则是毁灭性的打击，20 世纪 90 年代后，本来为中国国有家电提供集成电路，为收音机提供半导体的无线电零部件企业产品大量滞销，大面积亏损，技术改革也进行缓慢，最终破产分裂或与国外合资转型。在这些配套型组件企业的破产消失中，有些国有家电企业则彻底地失去了自主核心技术。

2.6　小结

第二次工业革命后，在世界电器工业发展的大背景下，电器产品随着殖民者的脚步进入了中国。并随着中国各地电厂的建立，电力网的覆盖，电器产品开始逐渐进入人民的生活。

通过对家电产业产生历史的史实分析，对比得出西方国家是在近代科学的带动下，在电磁学科逐步发展的基础上出现用电设备的制造，并形成生产；而中国则是先有家电设备进口引入，随后建立电厂、电台等周边设施。中国家电产品经历了从"以商兼工"仿造、进口零件组装、自制生产直至发

---

① 数据来自无锡美的小天鹅总公司。

展为自有风格四个阶段，期间伴随着中国家电生产企业多元化糅合：民族工业仿制"洋货"的经验继承，军工厂的军品制造技术介入，中华人民共和国成立后通过军事接管、公私合营、统一规划发展国营家电企业，通过国营家电企业的生产带动周边产业，到改革开放引进国外家电生产线逐步变为代工厂。反映了家电产品在中国以舶来品的面貌"植入"中国人的生活，受到时代背景下的多种因素影响，体现出造型来源多样化的特点。

第 3 章

1949–1979 年主要家电产品类型及发展

由于中国家电产品各品种之间出现的时间并不一致：收音机早在民国时期就已经进入中国上海被人们所熟知，而电视机则在中国 20 世纪 70 年代也未能实现整机国产化。因此各种家电产品缺乏研究的"共时性"，所以本章通过横向国别间的产品造型比较，结合纵向中国家电产品自身的技术起源，分析其造型之来源及其变化的原因。以其技术工艺影响因素来源将家电产品大致分为三大类：一是以电子技术为支撑的收音机、电视机；二是以电机技术为支撑的电扇、洗衣机；三是技术成熟较早、主要以材料工艺变化引起造型纷繁多样的家电产品。国外家电产业发展很重要的因素就是上级高端产业技术向民用家电产业流动从而形成家电产业，而在中华人民共和国成立前中国本土科学教育一片空白的情况下，中国人是在没有基础科学的前提下做家电产业的技术工艺，以极其艰难的方式发展着最早的家电产业，中国家电制造商除了通过大量仿制国外家电产品，同时学习电子、电机技术，还不断模仿学习国外家电的材料工艺。以史为鉴，中国的家电发展史几乎鉴证了中华人民共和国成立初期整个轻工行业的发展，是时代背景、科学进步、国民消费观转变及心理需求变化的一系列体现，结合这些相关因素来研究中国家电产品造型是至关重要的。

3.1　电娱类家电——收音机

3.1.1　中华人民共和国成立前收音机发展概况

（1）世界收音机产业发展概况

纵观世界历史，收音机的发展是和无线电广播的发展紧密相连的，收音机是接受无线电广播的一种设备和装置，而无线电广播与军事、政治、经济等事业紧密联系。20 世纪以前，无线电技术多用于科学、航海领域传播信息，仅以莫尔斯电码进行传播，在 1906 年圣诞节的夜晚[①]，美国英格兰海岸船员突然从耳机中听到了人的说话声和乐曲声，这是人类首次实验无线电广播，随之而来的是无线电技术在民用领域得到巨大的推广。

1920 年美国匹兹堡市私人经营的 KDKA 广播电台通过了政府的审批[②]，取得了营业资格，可以进行播音业务，自此，作为美国同时也是世界上第一

---

① 赵保经. 无线电电子学史话 [M]. 科学出版社，1986. 其中描述："……人类第一次进行无线电广播实验……耳机中传来了朗读圣经故事的人声和播放韩德尔的唱片的音乐声……甚至还有祝圣诞快乐的声音……"。

② Laurence. B. Look Now Pay Later: The Rise of Network Broadcasting[M] Hen York; Doubleday and Co, 1980: 59.

家正式广播的私营商业广播电台诞生。无线电广播在西方的政治、经济、社会、文化生活中取得了非常重要的作用。信息传播的巨大变革伴随着广播电台的出现，它改变了人们获取信息的方式，大大加快了信息传递的速度，扩大了信息传递的范围。列宁曾经说过："广播让整个俄罗斯都可以听得到莫斯科当天的报纸" [1]。"口读报纸"和"晚间播出新闻"是莫斯科广播电台试播开始最早创办的节目。在这两个节目的开办初期，美国广播电台 KDKA 只在每天晚上有一小时的广播，在开始播出后一周就实时地报道了美国总统大选，使得美国民众能够对总统竞选活动及竞选结果进行及时了解。

在电视机出现之前，人们曾经十分迷恋广播，收音机是当时一件极为重要的家用电器。德弗勒，来自美国的大众媒体学者，记述了当年美国人对于广播的热爱，他说，"经济比较拮据的家庭，收音机坏了后，即使节省其他的花销也要省出钱来修好收音机，他们牢牢守住收音机不放，宁愿拖欠房租或者把家具等物品抵押给贷款公司。" [2]

早期美国产的矿石收音机和稍后的电子管收音机一度在世界范围内引领科技，飞歌牌收音机和 GE 牌收音机也在世界上占有极大的销量。到 20 世纪的三四十年代，一些国家如日本、德国、荷兰也开始逐渐发展收音机产业，进入国际市场。第二次世界大战的爆发也强有力地推动了收音机产业的快速发展。在晶体管技术发明和使用后，收音机技术进入了新的时代。收音机的体积越来越小，可供消费者选择的款式也逐渐增多，出现了更多造型独特的收音机。电子管收音机时代，美国、德国的收音机最为普及；半导体收音机出现后，由于价格低廉，最适合于发展中国家的大众传媒工具，荷兰的飞利浦，日本的索尼、松下、东芝等品牌收音机在国际市场逐渐占据了相当大的份额。

（2）中国无线电产业的萌芽

收音机最初是跟随着殖民者的脚步首先来到上海租界。1923 年美国人奥斯邦在上海开设了第一家广播电台 [3]，借此售卖、推销收音机。上海成为当时中国最早实现电报、电话和广播电台同时运营的地区之一。上海作为主要的电讯器材工业生产中心的优势在于，早在 1911 年，吴淞无线电报局成立，使得通信科学技术能够最先传入，通信业务也能够及时建立。中华人民

---

① 无线电杂志社编. 无线电合订本. 北京市：人民邮电出版社，2001：12.

② [美] 弗雷德里克·刘易斯·艾伦著. 大繁荣时代 [M]. 北京：新世界出版社，2009：133–185.

③ 施应庠. 上海无线广播电台事业之今昔 [N]. 申报，1948-1-14.

共和国成立前，由于国民政府倾向于"亲美"政策和国内的"崇洋"风气，上海成为中国无线电收音机最早的兴盛之地。

1927 年，上海南京路新新公司顶楼，中国第一家民营广播电台建成。因为整间屋子都是用玻璃幕墙围起来的，外面就是人群熙攘的游乐场，因此被称为"玻璃电台"。透过玻璃幕墙，游客可以清楚地看到广播电台的操作过程，相较于玻璃电台的开办，民营广播电台更主要的目的是为了推销自制的矿石收音机。有的大商店为了吸引顾客，会在商店的橱窗里放置一台收音机。与兴盛的本土无线电台事业相比，本土收音机产业的发展则较为缓慢，最主要的原因是电子管无法自产，故收音机以美国出品最多，其种类一是矿石收音机，二是电子管收音机。当时的收音机全部都是昂贵的舶来品，是时髦的象征。那时的收音机，普通百姓根本买不起，一台收音机的价格可以用来购买一座别墅，当时只有上流社会才可能拥有，因此是身份和地位的象征。宋美龄曾送给张学良一台收音机，并嘱咐"我已装了电池，你打开就能收听……我希望它带给你乐趣"[1]。20 世纪 30 年代末，无线电广播不仅在富裕阶层流行，在普通民众中以不需要电的矿石机也极大普及，由于矿石机暂不属电器类，故在此不再多加赘述。

（3）中华人民共和国成立前流入中国的收音机造型式样

中华人民共和国成立前尽管广播电台众多，但由于关键零件无法自制，市面上流通的收音机多为"洋货"，为进口美国收音机或进口美国流水线与美国收音机零部件组装机，形制依从美国收音机发展，20 世纪 20 年代早期多为外接喇叭式收音机（图 3-1），至 20 世纪 20 年代晚期，进口洋货收音机多为橱柜式立式收音机，装饰华美，开始出现金属度盘与金属指针，管子用了八九根，极为昂贵。至 20 世纪 30 年代，奢华风渐落，改为立式落地收音机，同时出现了飞机式度盘[2]，内有照明与指针。之后又出现广为中国收音机业争相模仿的墓碑式收音机。不仅用料节省，结构简单，并且方便短距离移动，适用于中国国情，方便放置于公众场所供多人收听。这是中华人民共和国成立初期最为普遍的一种收音机形制（图 3-2），普及程度仅次于固定有线式广播接收器。

---

① 张闾蘅，张闾芝，陈海滨. 张学良、赵一荻私人相册 温泉幽禁岁月 1946 至 1960 年 [M]. 北京：生活・读书・新知三联书店，2006.

② 采用标有相应频率数字的大型玻璃刻度盘，内置照明灯，有圆形、长方形，因为最初使用在飞机上，当时称飞机式度盘。

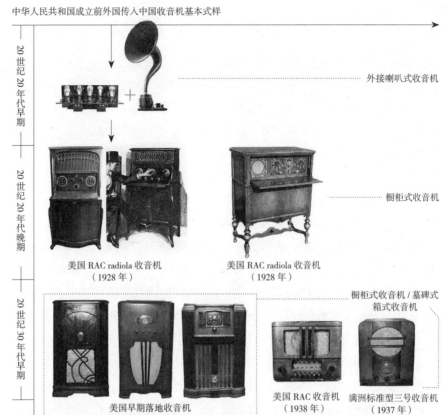

中华人民共和国成立前外国传入中国收音机基本式样

20 世纪 20 年代早期

20 世纪 20 年代晚期

20 世纪 30 年代早期

外接喇叭式收音机

橱柜式收音机

美国 RAC radiola 收音机
（1928 年）

美国 RAC radiola 收音机
（1928 年）

橱柜式收音机 / 墓碑式
箱式收音机

美国早期落地收音机
（20 世纪 30 年代）

美国 RAC 收音机
（1938 年）

满洲标准型三号收音机
（1937 年）

图 3-1　西方收音
机式样（20 世纪 20
年代）
图片来源：作者自
摄于星海无线电博
物馆

图 3-2　解放初期北
京居民收听收音机
图片来源：中国工
业博物馆

3.1.2　中华人民共和国成立后收音机工业阶段性发展

1949-1979 年收音机造型演变大致可分四个时期：

（1）组装"混合机"并仿制时期（1949-1952 年）

中华人民共和国成立后，中国的电子产业相对落后，并且电子管、附件制造的核心技术没有被掌握，且内战胜利后存留进口零部件较多，为节约物资考虑，中华人民共和国成立后一段时间收音机采用组装或部分国产的方式进行生产。主要产品大致可分为进口机（包括进口组装机）、混合机、主流收音机以及直流机、再生式电子管收音机五个大类。20 世纪 50 年代中前期，位于中国天津和南京两大重要的电子工业重镇进口组装的生产线，组装了绝大部分的收音机机型，大部分在天津负责组装生产完成，而南京只负责组装生产 PHILCO806 和 RCA56X 系列机型收音机。由于采用了较多进口件例如美国电子管、美国的扬声器、电源器和国产件搭配组装而成了"混合机"，因此此阶段收音机外观和国外收音机极为相似（图 3-3）。

（2）统一苏联标准，生产简易机型（1953-1957 年）

中华人民共和国成立初期，帝国主义对中国进行了经济封锁，对中国国内的电器工业造成很大影响。苏联援建中国工业后，中国向苏联学习了工业技术并同时移植了苏联轻工业模式。第一个五年计划期间，国内重点工程大多数是苏联援建的，国内电器工业几乎都采用苏联标准，中国第二次全国电

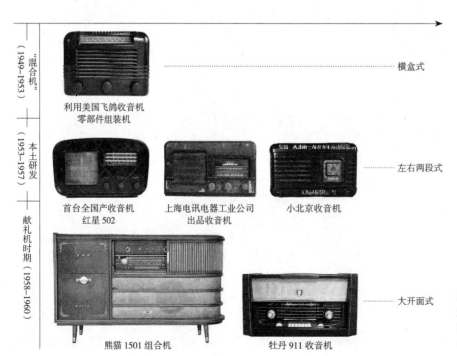

"混合机"（1949-1953）　本土研发（1953-1957）　献礼机时期（1958-1960）

横盒式

利用美国飞鸽收音机零部件组装机

左右两段式

首台全国产收音机红星 502

上海电讯电器工业公司出品收音机

小北京收音机

大开面式

熊猫 1501 组合机

牡丹 911 收音机

图 3-3　收音机式样演变（1949-1960 年）
图片来源：矿石收音机论坛

器工业会议上提出批判"崇美思想",提出学习苏联技术标准,并全方位以苏联标准作为技术标准直到制定国家标准。由于上海最早得益于美国电器生产技术,生产的产品多模仿美国产品标准,统一"苏联标准"当时在上海曾一度受到无线电行业的抵触;而华北无线电器材联合厂是德意志民主共和国援建的,采用民主德国标准。但在当时的情况下,由于机床、模具等物皆由苏联援建,统一"苏联标准"是一种别无选择的决定。华北无线电器材联合厂根据要求,及时做出"把全部产品改用苏联标准"的决定。决定做出后全厂立即掀起"改标"热潮,达到苏联标准要求并投入正常生产。改标任务直到 1959 年才全部完成。

此次修改标准的影响在中国家电界影响很大,扭转了中国自民国以来崇尚"英美"的设计风格,家电造型由华美、时髦转变为朴实、简单。1953年成功研制了中国第一台全国产化收音机红星502[①],其结构简单,调频旋钮集中于收音机一侧,喇叭位于收音机另一侧的左右两段式。此结构的最大好处即兼容性强、外壳工艺简单易做、通用性强,引起全国收音机制作单位的效仿,由于中华人民共和国成立初期物资匮乏,大量生产两段式收音机的好处是全国各地不同厂家不同系列的收音机,只要电子管数量相同,外壳与机芯皆可互换。可在短期内增加收音机产量,这是为了满足产量的基础上对外形美观不得不稍加折中简化。主流收音机的出现是中国收音机工业史上的重要转折,主流收音机指的是骨干收音机按照行业管理部门的规划生产的标准化收音机。整机国产化收音机的鼻祖为红星牌 502,是第一部整机国产化的五灯收音机定型产品。

这一时期国家还颁布了收音机的定级标准,制定了定期举办收音机展览活动的相关规定,国家对收音机产业的异常重视,更为科学规范地管理,促使在这一特殊时期的国产收音机得到了飞速的发展。

(3)赶超英美时期(1958-1960 年)

20 世纪 50 年代末,为尽快发展薄弱的工业,出现了举国上下发展工业相关产品的势头[②]。1958 年毛泽东在八大二次会议上提出,要"用 15 年赶超英美"[③],历史上也称此阶段为"大跃进",更由于时近中华人民共和国成立十周年,全国上下掀起了"鼓足干劲""为国庆献礼"的热潮。在此阶段

① 陈汉燕,徐蜀. 广播情怀 经典收音机收藏与鉴赏 彩印 [M]. 北京:人民邮电出版社,2013:100.
② 金明善,车维汉. 赶超经济理论 [M]. 北京:人民出版社,2001:2.
③ 薄一波. 若干重大决策与事件的回顾:下卷 [M]. 北京:人民出版社,1997:721.

中国在外形上仿造、技术上自制了许多工业产品。例如 1958 年被誉为"中华第一表"的上海牌手表（外观参照欧米伽）自制成功，同年中国第一台国产相机上海 58-11 型相机（外观参照苏联佐尔基相机）投入生产，首批 1000 台[①]。当时为了"赶超"，或者说先"赶"再"超"，思想上过于注重与发达国家的比较，于是在造型上刻意模仿，以显示国产收音机制造技术水平已达到国际类似产品的同等水平。

在中华人民共和国成立第一个十年，因为"献礼机"的原因，中国收音机产业在"国家下派任务、发动群众"等因素下曾经出现过一个辉煌的时期。从依靠进口元器件进行组装到自主研制出众多高级收音机，熊猫 1501 机、上海牌 532 机、牡丹 911 机和东方红 82-Y5 等 8 种特级机都是在这个阶段出现的，其后在收音机这个领域，除了 1964 年生产的飞乐 272、1973 年生产的春雷 101 外，再没生产过高级机[②]。此阶段研发了多种高档收音机，三大骨干企业南京无线电厂、上海广播器材厂、北京无线电厂以及汉口无线电厂在 1958-1960 年 3 年间一举推出了多种经典机型，1958 年和 1959 年几乎达到了辉煌的顶点，电子管收音机发展达到了一个空前的程度[③]。与之前一个时期（1953-1957 年）相比，这一时期走的是不惜一切代价、制作高端机，此阶段高档收音机辈出、争相领先、力争创新，然而在此风气之下，虽然出现了众多精品收音机，但与市场脱节明显，无法在市场上大范围供应销售。在随后到来的经济困难时期中，这些精品高端收音机很快便停产，研发无法持续，这与 1959 年末起国家因遭遇自然灾害等原因，经济开始下滑不无关系。实际上，1959 年下半年，收音机行业的有关领导即已发表讲话，要求在收音机的研制中，不要一味追求高档而忽视了节约成本。此后，收音机产量由于经济困难期暂时性发展缓慢，直至"文革"时期的到来。

（4）"文革机"时期（1966-1976 年）

这一时期收音机得到了爆炸式的发展，完成了从公众公用家电产品转为个人家电产品的转变，原因有二：一为因技术驱动的转变，电子管机向晶体管过渡，廉价半导体机的出现，使收音机价格大大下降；二为政治运动的驱动，收音机便成了日常须臾不可缺的"宣传阵地"，随着"上山下乡"的开展，人口大迁移，可以随时接收"最高指示"的收音机需求大增，具有"文革"特色的收音机被称为"文革机"，带有明显的"文革"图案、纹样、语录等

---

① 沈榆，张国兴. 1949-1979 年中国工业设计珍藏档案 [M]. 上海：上海人民美术出版社，2014.
② 电子管收音机定级表见附录 2。
③ 赵玉明，曹焕荣，哈艳秋. 周恩来同志与人民广播 [J]. 现代传播. 1979（1）: 1-9.

上海 163-5 电子管收音机
（林彪语录：大海航行靠舵手、干革命靠毛泽东思想）

红星 501 晶体管收音机（金属面板腐蚀工艺）

熊猫 B303

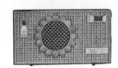

新安江 J311

葵花收音机

东方红收音机

图 3-4　"文革机"式样

电子管收音机基本型

晶体管收音机基本型

半导体塑壳收音机基本型

装饰标志（图 3-4），甚至连品牌都相应改变。原耳熟能详的收音机名牌飞乐、美多、凯歌在"文革"期间，这些品牌也分别更换了名称。老飞乐商标开始更名为"红灯"和"工农兵"；"美多"更名为"春雷"；凯歌则有少部分更名为"宝石"。材质也由电子管时期纯木制外壳转变为模具制造的复合材料外壳，部分收音机采用了热塑塑料形成整体浮雕款式，也被称为"浮雕机"。

这一时期的收音机的主要特点是带有明显时代特色，造型简化，外形由于内部零部件发生变化而趋于小型化和便携式。

3.1.3　中西收音机造型比较分析

（1）早期科学仪器风格

欧美 19 世纪 40 年代是电气广泛应用的时代，这标志着欧美已经进入第二次工业革命。当时无线电设备在外观上看来应该更倾向于一件科学仪器设备而不是一件家用家电。此时出现的收音机内部结构尚未入箱，结构复杂，像一个科学仪器。此阶段的收音机设计不能以现在的轻工业美学设计的观点所衡量，因为它尚属于科学仪器。我国虽然没有经历第一次工业革命和第二次工业革命，但并未影响中国出现科学仪器设备风格的收音机，在中国，这种科学仪器设备风格多来自于民间"无线电爱好者"的自制产品（图3-5），并延续了很久。

（2）高端组合柜风格模仿

20 世纪初西方无线电收音机在设计上逐渐形成"家具化"和"中心化"的风格，无线电产品组合一起使用在家具外表上，让产品设计展现富丽堂皇

（a）英国教授林麦克向解放军传授无线电知识　　　　　　（b）学生无线电兴趣班

又不失新奇现代的美感。[1] 高端柜式收音机出现时间紧随收音机"科学仪器　　图3-5　研究无线电
风格"时期，在无线电技术尚未普及平民化时，收音机尚是一种昂贵而高端
的产品，有足够的价值可以使用贵重如大型家具的木料，加之 20 世纪初合
成材料不足，塑料工业也未兴起，天然易加工的木材便成为设计师们最喜欢
的材料之一。木头所表现出的细腻和华贵，是很多材料所无法体现的。在造
型上，不仅与家中其他家具风格和谐统一，并且当时的收音机不论是从体积
上看，还是从家中器物的地位上看，都不能将其仅看作是单一的收音机，它
有着与现代家庭娱乐中心一样的作用和地位。这在当时是一种很摩登生活的
表现。

　　中国中华人民共和国成立是在 20 世纪 50 年代末，在"赶超英美"的
思想下，中国也出现了一批豪华柜式组合机。从性质上看基本仿造欧洲各国
柜式机（图 3-6），对比可见，中国各时期柜式机外观造型都有欧洲各国原
型机借鉴的成分在内。而本国企业同一品牌各时期柜式机无明显造型延续
性，可见生产企业也只是为国家任务而特意制作此类豪华特级机，并非大量
投放市场，故不存在造型设计的延续性，而是随着世界收音机造型演变的不
同历史阶段不断借鉴并仿制。

　　（3）美系收音机风格借鉴

　　20 世纪 20 年代，收音机业是美国发展最快的工业产业，收音机生产和
制造相对成熟，在中国电子管收音机早期生产的民国时期，中国本土收音机
造型多模仿美国收音机，苏祖国在上海创办的亚美股份有限公司作为我国第
一家民族无线电厂，生产亚美牌无线电元件和收音机即多有模仿美国 RAC
收音机。我国最早的一台收音机便是亚美牌 1651 号收音机，为我国民用无

---

① 何人可. 工业设计史 [M]. 北京：北京理工大学出版社，2000.

德国根德电唱、收、视组合机

熊猫 1501
（20 世纪 50 年代）

飞利浦电唱、收音机组合机

飞乐 2Y-2070
（20 世纪 50 年代）

英国 PYE 收音机

春雷 101 型收音机
（20 世纪 70 年代）

图 3-6　中外柜式机对比

—— 欧洲 ——　　　　—— 中国

线电事业和普及无线电技术做出了卓著的贡献。因为当时"以商兼工"的模式和维修人员仿制的经历，使得此一时期的收音机在外观上与舶来品并无很大差别，甚至极为相似，它的外观造型因为其设计系统而呈现出舶来品的仿制品形态，典型的美国式收音机造型，也是反映当时社会意识形态的产物，追求与美国舶来品极度相似，作为物美价廉的舶来品的替代品。通过对舶来品的仿制，虽然短期内掌握了模仿和组装的技能，但并没有使中国的收音机事业长久发展和增加对舶来品的竞争力，上海无线电收音机工业在抗日战争胜利后一度复苏却好景不长，随着国民党政府全面发动内战，帝国主义势力的入侵，官僚买办资本利用特权大量进口国外通信器材以牟取暴利。抗日战争胜利以后，国内进口商大大活跃，他们以高额外汇，尽量地装运外国货进口。大批华丽的收音机也随着进来，争奇斗艳，陈列于市场。这种大批机件，不但消耗了本国许多宝贵的外汇，同时也给国内制造业一个沉重的打击。

中华人民共和国成立后由于国家之间的交往问题，国产收音机减少甚至停止了对美国收音机的仿制。中华人民共和国成立后直至20世纪50年代初，由于技术原因，国内使用的性能较好的收音机都是进口，或为进口元件组装（多数是美国组装的）。红星501型就是用美国飞鸽收音机机壳和主要元器件，加少量国产件组装成的，与后来的红星机外观差别很大。中华人民共和国成立后出现的"排斥英美"的思想，不仅没有公开借鉴英美收音机的成果，连设计外观时都刻意回避美国式家电风格。

1972年尼克松访华，几个有实力的骨干大厂接受了国家下派的"官办制造"任务。对比可以看出，当时生产出的牡丹2241一级全波段半导体收音机造型极其类似美国的珍妮斯收音机，它是一台大型台式机（图3-7），内部有足够的空间来考虑收音机电路的排布和设施的完善。掀起上盖，映

美国 RAC 电子管收音机（20世纪20年代）

亚美 1651 收音机（20世纪30年代）

美国飞鸽收音机（20世纪40年代）

红星 501 收音机（20世纪50年代）

美国珍妮斯收音机

牡丹 2241 收音机（20世纪70年代）

美国　　　　　　　　　　中国

图 3-7　中美收音机对比

入眼帘的是一幅醒目漂亮的时区图。不知这次研制的牡丹 2241 如此类似美国收音机并将这台国产的收音机放置在尼克松访华期间下榻的宾馆，是否有独特用意。此款机型在 1976 年全国第六届收音机评比中获一级台式机的第一名。据北京无线电厂史资料记载[①]："牡丹 2241 一共只生产了 400 台，其中 70 台提供给了北京饭店，因为在当时，一台牡丹 2241 收音机的价格是 1400 元，在当年已属天价，很显然并不具备在市面上销售的标准，并且也没有上市销售的打算，因为它注明只销售给省一级的电台，并且需要开具证明。"

（4）德系收音机风格影响

德国设计讲究实用主义，包豪斯设计精神体现在各个产品之上，其严谨而理性的文化让德国设计的产品不仅具有简洁的外观，精密的性能，并且在制造工艺和生产流程方面德国也是异常严谨的。这与中华人民共和国成立后的中国收音机界的理念很符合，即不是浮华的美式，相对于轻工业产品并不发达的苏联产品，德国收音机产品符合"设计结构合理，材料运用严格准确，工作程序明确清楚"的设计理想最高准则，在产品中有极好的体现，真正达到"工艺与艺术的结合"[②]。中国华北无线电器材厂联合厂始建于 1952 年，为当时的民主德国所援建，又称 718 联合厂，是由当时社会主义阵营中的东德进行援建的。东德集中了全东德的电子工业力量完成这一乌托邦似的盛大工程[③]。仅在联合厂的建筑质量上就追求了当时最高标准：抗震设计强度 8 级以上，当时中苏标准也只有 6~7 级。联合厂也秉承了德国的制造严谨风气，产品素有货真价实的传统，厂内有 6 个分厂和 1 个研究所。不仅生产扬声器、变压器、电阻、电容等无线电器材，还装配收音机。其产品就是俗称"双环"牌的电器产品、配件。

当时全国生产的收音机有着非常明显的德式款风（图 3-8），仿制德国的机型可谓多不胜数（附录 2），不论是面板设计还是配色、制作工艺和造型设计上带有很明显的德国根德收音机的影子。

（5）日系收音机崛起及影响

中华人民共和国成立前日伪当局在华建立电台，在"满洲国"大力发展收听工具，日伪政府的新电台成立后，从日本进了一批三灯交流电收音机，

---

① 陈汉燕，徐蜀. 广播情怀 经典收音机收藏与鉴赏 彩印 [M]. 北京：人民邮电出版社. 2013：241.

② （美）威廉·斯莫克. 包豪斯理想 [M]. 济南：山东画报出版社，2010（02）.

③ 在建设联合厂时，当时的东德副总理厄斯纳亲自挂帅，利用全东德的技术、专家和设计力量，完成了这一工程。由于东德尚不存在同等规模的工厂，所以厄斯纳组织了东德 44 个院所和工厂的权威专家成立 718 联合厂工程后援工作组。

德国 saba 收音机

上海 131 收音机（20 世纪 50 年代）

德国 AGE 收音机

飞乐 272 收音机（20 世纪 70 年代）

美国珍妮斯收音机

红灯 711 收音机（20 世纪 70 年代）

—— 德国 ——　　　　　　　　　　　　　　—— 中国 ——

图 3-8　中德收音机对比

开始免费送给学校、商场等公共场所，甚至建立贷款制度，分期付款。抗战以来日本收音机除了直接进口的还有在国内组装的，并且日本收音机除了价低，外观设计和制作工艺还是很考究的。牌子有"标准""普及"，还有"松下""满铁"等品牌。

　　20 世纪 60 年代仿制日本的收音机极少，因为日本当时也是仿制美国机和德国机的"模仿大户"，这款收音机是日本研发超薄超轻收音机的开端，这也是日本索尼决心走出有自己国家收音机特色的开端。此后，日本收音机在"薄"上继续越走越远、越走越强，中国收音机工业关注到了这一点，并模仿制造了这款日本索尼畅销款收音机（图 3-9）。

　　1977 年后，中国收音机电子工业进入了新的历史发展时期。此时的收音机设计走过了一条由体现身份和地位的奢侈品到进入寻常人家的普通家用电器的发展历程。收音机造型也由大型豪华的家具衣橱式转变成以合成材料为主的便携式小型机，在十年"文革"时期，中国走过一条曲折而缓慢的技术发展之路，当时世界的大环境已经处于半导体收音机时期，早期收音机行业"领头羊"的美国早早退出了家电制造，由半导体中抽出力量，主攻集成

（a）日本 GENERAL 电子管收音机

（b）上海宝石 441 电子管收音机（20 世纪 50 年代）

（c）日本 SONY TR-72 晶体管收音机

（d）华北无线电器材厂晶体管收音机

（e）日本 SONY TR-6502 半导体收音机

（f）国产微型半导体收音机（20 世纪 70 年代）

图 3-9　中日收音机对比

———— 日本 ————　　　———— 中国 ————

电路业。20 世纪 70 年代是日本半导体收音机大放光彩的时期。此时中国开始与日本积极合作，在小型半导体机型上开始模仿日本的收音机。

（6）"硬边艺术"的流行

进入 20 世纪 60 年代后，源于丹麦工业设计艺术手法"硬边艺术"出现，当时半导体收音机就深受这种"硬边艺术"风格的影响。材料造型强调简洁，并辅以有力的几何元素，使用工业化大生产的方式，采用了极为精密的制作方法。其必须在模具和加工业相对成熟的情况下出现，以铝、合金、不锈钢、树脂等材料，除表面保留了金属材料本身的质感，在多种金属工艺、喷砂、刷丝、喷涂、穿孔及电镀技术在中国成熟之后，中国也出现了这种科技界面强烈的收音机风格。其中南京无线电厂作为国礼级别生产的熊猫 B11（图 3-10）与 20 世纪 70 年代末风靡一时的红灯 753 收音机就是硬边风格在中国大行其道的最好体现。"硬边艺术"在中国的出现说明了中国已具备了家电产品外功能表面完整的模具化生产与复合材料加工技术，这在中国电器生产工业上有着划时代的意义。

熊猫 B11 收音机（20世纪60年代）

红灯 753 收音机（20世纪70年代末）

图 3-10　中国硬边风格收音机

3.1.4　收音机界面演变特征分析

收音机造型展现出的构建特征，体现了消费者对家电产品的使用方式和使用特点。通过物体的形态特点，例如家用电器由大到小、控制键由复杂转为简单、由多转少、由产品主视面转为侧面，不能简单地认为其只是改变了产品的形态，而其实质是整个改变了使用方式。家用电器形态外观不仅表明其物品所处空间的大小，是否需要便携移动、有没有重要的财富象征性，还是使用者身份的体现。透过家用电器形态的因果联系来设计旋钮的造型，例如，采用何种材质、产品是精调还是采用大旋量的粗调、何种外形装饰、周边侧面的装饰性如何。

中国的收音机不能简单地从设计理念和消费者的兴趣爱好上分析其式样特征，通过大量不同国别家电产品实物的造型对比，可以证实其在发展初级阶段中国家电产品造型多以仿造国外家电产品为主（附录2），我们只能从外观造型、功能键与国外产品具体差别中，了解中国收音机造型的发展历程，从"舶来品"的时髦华美逐渐发展到中华人民共和国成立本土面向老百姓的普及收音机所走的简洁、严谨和朴实无华的风格，除了符合中国当时的经济基础，体现当时的制作工艺，也能体现出本土设计师和工程师的心血所在，其中以机箱、喇叭区、旋钮、波段面板、猫眼最具有代表性。

（1）机箱

中华人民共和国成立前在进口收音机时也有较多的衣橱式和桌式收音机，但当时购买力低下，大型的机器也只是作为国家献礼机生产了极少部分，而后也模仿美国机生产了带圆边倒角的机箱，因中华人民共和国成立后，接收下来的各大国民党的无线电厂还剩余了不少收音机原件，有的甚至还带有美国原装的包装箱与美国原装的机箱，所以中华人民共和国成立后的一段时间，中国的家电生产厂利用战后所剩的零件组装生产的无线电收音机。南京厂，利用美国的整机，装配出中华人民共和国成立后第一款品牌收音机。随着收音机实现全国量产，电木的缺乏，国产收音机与由家具厂改建的收音机木壳厂合作，制造收音机机箱。最开始机箱是木制的，而后在国产塑料技术的发展进步下改为塑料外壳。在"文革"时大量使用塑料、铸模技术，形成了大量"文革"浮雕机。并且由于电子管过渡到晶体管，收音机的机箱不仅大大缩小，而且整个收音机变轻，向小型机转变。

（2）喇叭区

一般来看，喇叭区这个功能区在收音机上属于主要外观立面（图 3-11），而外蒙皮也是为了防尘美观，最初它是通过整体木制机箱挖洞形成的，为了牢固喇叭区结构，加强喇叭区的防撞击功能，所以在外会加木条栅栏，在美观方面并未多加设计。之后为了美化喇叭区域，制造商将原本简陋的栅栏条改为整齐的百叶窗式，极大地美观了收音机面板，也很好地防止了灰尘的附着，使喇叭区的清洁更为简单，机箱更为整体。而此时，百叶窗喇叭区已经逐渐脱离整体木制机箱成为一个独立可拆卸的区域。再后来，木制机箱与正面面板已完全区分开来成为独立部分。喇叭区被划为上半部，占了近一半的空间，为了更好地美化，百叶窗式的硬质蒙板变成了布料等软性材质蒙布，后来更发展成为编织进金丝、银丝的喇叭织锦布面，衬托出收音机华丽闪耀的人机界面。在"文化大革命"时期，装饰元素变成了强烈而又激情的太阳光芒、向日葵、大海海浪、书籍等形象，而材质也变成了塑料，材质的可塑性增加，使得浮雕面板的批量性生产铸造成为可能，一大批浮雕式喇叭硬质面板应运而生。

（3）旋钮的式样

最初的控制旋钮使用的是和机箱同色的胶木旋钮做的，整个机子看起来庄重古典。而后塑料大旋钮的出现，将调频和音量放置在不同立面中。在产品主视图只出现调频旋钮，大而醒目，给整个机子显现出"大眼睛"的神态。随着多灯高级收音机的出现，旋钮也随之镀铬金属化，数量增多，不仅可以调频、调音量，而且可以调低音等微调，银光闪闪的旋钮在面板上点缀出活跃醒目的光泽，炫目而高级（图 3-12）。"文革"时期的便携式微型机问世，将面板正面的旋钮移至侧面，将功能区分为两个立面，不仅节省空间，而且操作也更为得心应手。由于不再是旋钮而是旋轮，开模具时无须预留孔洞，只需将正面和反面盖板重合时在侧面预留一个或者数个小缺口即可。不仅节省了工艺，也预留了正面一大片区域，即袖珍机的喇叭区域和波段区。

（4）波段面板

最初是类似于表盘似的大窗、圆窗、方窗的飞机式表盘设计，后来逐渐发展为温度计式的长条式、多条式调频区域，配合侧面的旋钮使用。这种调频面板最为广泛，应用在绝大多数收音机上，越是高级的收音机，调频区分

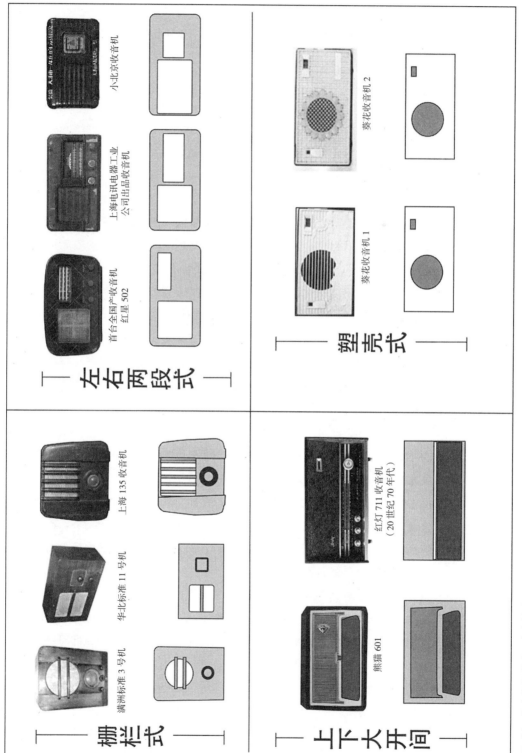

图 3-11 收音机机喇叭区演变轨迹

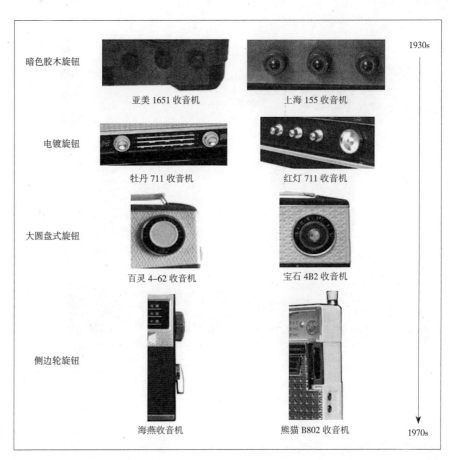

暗色胶木旋钮

亚美 1651 收音机　　　上海 155 收音机

电镀旋钮

牡丹 711 收音机　　　红灯 711 收音机

大圆盘式旋钮

百灵 4–62 收音机　　　宝石 4B2 收音机

侧边轮旋钮

海燕收音机　　　熊猫 B802 收音机

1930s

1970s

图 3–12　收音机旋钮区演变轨迹

得越细，一般以两条透明窗口为主，也有三条的。袖珍机发展起来后，为了最大化节省空间，就把调频区压缩至一个猫眼大小，功能也进行了极大地整合，不再像原来划分得如此细致了。

（5）度盘的大小和形状

度盘（标尺）及指针，主要指的是度盘（标尺）及指针的设计，从度盘大小和形状、刻度大小、刻度线、刻度方向、指针设计、色彩匹配六个要素来分析。度盘的大小要适当，考虑到人的认读效果（准确性和速度）。度盘的大小是与度盘上刻度标记的数量和观察距离（眼睛至度盘的距离）成正比。据圆形度盘的实验表明，随着标记数量的增加，其最小直径随着增大，这种关系在不同的观察距离上又有所不同。影响度盘大小的因素很多，除上述因素外，还与仪表的使用要求和材料构造等有关系。确定度盘的最佳尺寸，一般以使用者的视角大小来衡量，即充分考虑观察距离的大小。

刻度盘在收音机发展史上不断地改进。早期类似刻度表盘的大圆盘式旋钮，20 世纪 40 年代后，柜式收音机逐渐转为小型木箱式机箱，出现了飞机

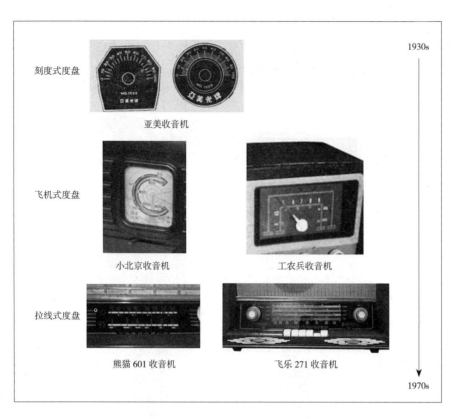

刻度式度盘

亚美收音机

飞机式度盘

小北京收音机　　　　　　　　工农兵收音机

拉线式度盘

熊猫 601 收音机　　　　　　　飞乐 271 收音机

1930s

1970s

图 3-13　收音机度盘样式

式度盘（图 3-13），此类度盘最早出现在飞机上，由此得名。其特征是或圆窗或方窗，配以指针指示仪表，度盘以内部配有灯光照明，单层刻度线。50 年代后出现大开间式收音机界面后，度盘变为拉线式轨道，指示更清晰明了，微调更细致。

刻度盘中刻度的大小需要根据人眼的最小可分辨力来确定，刻度大小适宜，与度盘尺寸相适应。

1）刻度线

刻度线一般以等刻度划分，其长度可分为长、中、短三种（图 3-14）。当刻度以三级划分时，则包含长、中、短三种；当刻度以二级划分时，刻度线只有两种；以一级划分时，刻度线只有一种。

刻度线按其布置形式又有单、双刻度线之分。为了避免反向认读的差错（即颠倒了在刻度值附近的刻度线是加还是减的关系），也有采用递增式刻度线来形象地表示刻度值的增减。

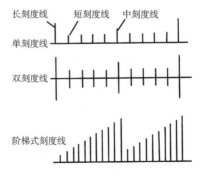

长刻度线　　短刻度线　中刻度线

单刻度线

双刻度线

阶梯式刻度线

图 3-14　刻度线样式

2）刻读方向

度盘刻度的递增方向和认读方向叫刻读方向。最早是以顺时针方向。改换刻度盘形制后为视觉运动规律，一般都是从左到右，从上到下或顺时针方向递增，依度盘的类型而有所差别（图 3-15）。

3）指针的设计

收音机指针大多以红、黄醒目色为主。它具有运动感和形象感。国外收音机指针在 20 世纪 20 年代新艺术运动中设计风格华美，后因现代主义设计思潮影响变为极简线状，中国收音机指针形状也以极简线状为主，以保证读数的准确和速度。

4）猫眼

精密的测量仪器如收音机、高级的通信机，用来指示调频幅度的工具一般都是采用动圈电表，但电表价格较为昂贵。所以猫眼运用在收音机上成为一种美观且极具装饰性的廉价指示器，当年美国的 RCA 公司在 1935 年开发它的时候使用了调谐指示管 6E5。欧美一般叫它魔眼，通过内部涂上荧光材料发出翡翠色的光芒，在我国被称为猫眼。当然它一般用于电子管高档收音机，其形态各异，还采用了金属镶边，点缀在面板上，显得魅丽十足。有的做成小窗式，有的是箭头式，还有的直接和动物、鱼类的形态结合在一起（图 3-16）。

种类名称	指示仪表			直线型指示仪表			弧形指示仪表	
度盘形式	圆形	半圆形	偏心圆形	水平直线	竖直直线	开窗式	水平弧形	竖直弧形
圆形								

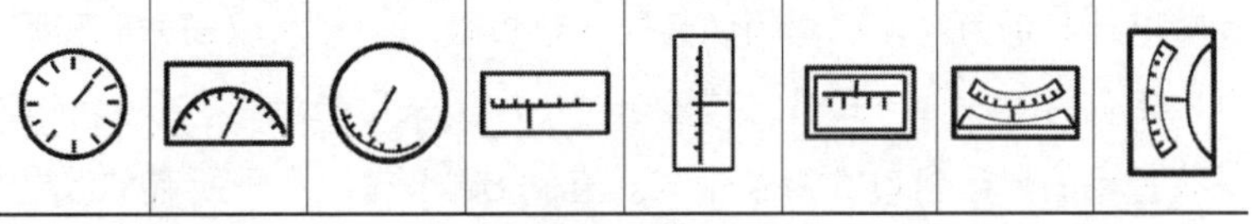

图 3-15　收音机指示仪分类

猫眼

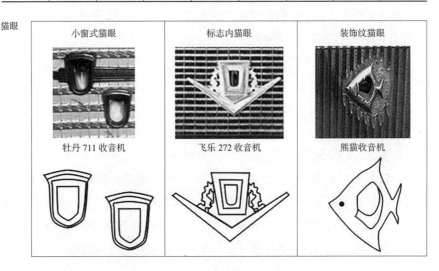

图 3-16　猫眼样式

3.1.5　收音机外形结构演变轨迹

（1）扬声器部分的发展演变

收音机产生初期机体上是没有扬声器的，其接受声音是以耳机的形式接收或外接喇叭。20世纪30年代出现了收音机与扬声器连为一体的机器，且这一时期的收音机具有很强的装饰性，多表现为镂空装饰，花纹也很丰富，以抽象的植物纹样为主。30年代后期，装饰图案则多表现为几何形式的镂空。40年代图案形式表现为线条形。随着技术的发展，收音机体积微型化，收听方式也从一家拥有，置于公共空间大家聚拢来收听更改为个人收听设备，耳机或者其他外接音响的方式成了收音机的主要接听方式，以至于收音机上的扬声器功能开始减弱，但尽管如此，为了保有完整功能，收音机的外放功能在这一时期依然存在着，只是外罩镂空部分变得细小了一些，但中国的台式收音机上仍然保留着花纹装饰。到80年代以后，收音机的扬声器部分则多表现为各种纱网状的结构，如方形、圆形、六边形等。

（2）调频窗口造型的发展演变

中华人民共和国成立初期电子管收音机都有相当大的调频指示窗口，后来一些收音机因造型、体积还有价格等方面因素的影响，收音机省去了调频显示的部分。显示调频方式由最初指针滑动变为数字转盘转动的数字显示。可见，无论是在形式上还是在技术上，收音机的发展演变都是巨大的，这是适应消费者的使用需求与审美的。20世纪50年代调频显示窗的显示形式以旋转指针显示为主，这样的调频显示窗口较小，形状以长方形和圆形窗口为主，还有另外一种台式机，其显示窗口广泛采用条带式。六七十年代的袖珍式收音机的显示窗口则为条带式。直到80年代，几乎所有的收音机的显示窗口都为条带形，且旋转指针显示方式也在这一时期基本被淘汰。

（3）调节旋钮造型的发展演变

收音机旋钮调节方式一般表现为三种形式，分别是琴键式、旋钮式和移动式，控制调节部分的外观造型和位置布局方式多种多样。

国外收音机20世纪二三十年代控制调节部分多数是在收音机的中间位置，40年代起出现的台式收音机旋钮形式变得多样化且分布也渐渐呈现出丰富的变化，各个位置均可能分布，主要表现在以下三个位置：一是分布在右侧，二是分布在两端，三是分布在顶端。50年代后，按钮开始出现各种造型，收音机的控制调节部分大多分布在正面板的上、下或右，且多呈直线分布。六七十年代的收音机控制调节部分大多数集中在右侧面和右侧正面板两个位置，因为这样的设计更便于操作使用。在硬边艺术兴起后，旋钮就变得极少且放置于较隐藏的部位。

（4）接收天线造型的发展演变

收音机最初在欧美产生时是在收音机内部贴金属片，从而达到天线的作用，因此这一时期的天线是内置的。至 60 年代开始，外置天线开始在收音机中出现，在后期收音机体积微型化后使用耳机代替天线的作用。这种天线多采用金属材料制成，这样能够更好地增加信号的强度，从而提高收音机的收听效果。收音机上的外置天线位置和形状也多种多样，外置天线多在收音机的顶部，左边、右边、中间都有。天线的形状也由早期的圆柱形发展到后来的长方形、椭圆形等多种形式，并且天线顶端的造型也有很大的变化。

（5）辅助使用装置的发展演变

落地式、台式还有部分便携式收音机上一般都有支撑装置。早期收音机的落地支撑装置一般是支脚形式，台式收音机一般是由底座来做支撑装置。后来便携式收音机出现以后，其多以支架的形式来做支撑装置，而一些特异型收音机的出现，使得支撑方式发生了丰富的变化。另外还有一种手提式收音机，其携带装置主要表现为 U 型提杆和手提箱式的提手两种。后来由于便携式和袖珍型收音机的流行，手提袋、钥匙扣、项链等都成为其携带装置，使得收音机的携带方式更加丰富多样。

3.2　电娱类家电——电视机

3.2.1　电视机发展概述

电视机是一种传输图像、声音的通信电子设备，是一种信息传播媒介，在收音机实现远距离传播声音后，民众开始不甘心于只有声音而没有图像的传播方式。20 世纪的 20 年代首先在英国出现了电视机。

英国贝尔德发明了电动机械电视机，开创了一个新的时代。在 1928 年，贝尔德成功研制的彩色立体电视机可将图像传到大西洋的彼岸，技术上已是卫星电视的雏形。贝尔德组建了世界上最早的电视公司，于 1929 年播送 BBC 电视节目，数月后，声音和影像实现了完全同步，并成功地在 1931 年播送了德比的实况，这是世界上第一次电视直播，在当时的社会引起了轰动。

这是人们当时通过贝尔德电视机收看德比的状况，尽管设备大得像衣柜一样，而屏幕很小，但依然挡不住人们争相关注不出家门亦可知道远方正在发生的事情（图 3-17）。

图 3-17　Philco Predicta 电视机

　　在 20 世纪 40 年代，美国赶超英国成为世界电视工业的最强国。电动机械电视机也转变为全电子系统电视机。美国从 1941 年开始播放黑白电视节目，自此就一直没有中断，所以美国的电视娱乐产业发展得相当迅速和壮大，英美之后，苏联、意大利、法国、德国和日本等十多个多家也相继开始播放黑白电视节目，有了电视之后电视产业才蓬勃发展起来，中国第一座电视台北京电视台（后改名为中央电视台）于 1958 年 5 月出现[①]。

　　我国的第一座电视台——北京电视台于 1958 年 5 月开始播出节目[②]，几乎与中国第一台自产的黑白电子管电视同步产生。同年 10 月和 1960 年，上海电视台和南京电视台也相继开始试播，中国的广播业进入了一个声、像并貌时期，引起了人们极大的兴趣，1959 年南京无线电厂也开始了黑白电视机的研发工作[③]，并在 1960 年 3 月成功研制出了熊猫牌 D21 型 49cm 电子管式黑白电视机。同时从苏联引进一套电视综合测试中心信号源设备，初

① 中国电子视像行业协会编. 中国彩电工业发展回顾 [M]. 北京：电子工业出版社，2010：84.

② 1958 年 5 月 1 日，新华社在首都向全世界宣布中国第一座电视台已于当晚 19：05 分开始试播，它标志着中国电视事业的诞生。

③ 中国电子视像行业协会编. 中国彩电工业发展回顾 [M]. 北京：电子工业出版社，2010：207.

步建成了一条年产 1000-3000 台能力的装配生产线。1973-1975 年，国家投资 510 万，使苏州电视机厂建成了 3 条黑白电视机装配线[1]，年产 5 万台。经过调整、充实，全省形成了苏州、无锡、南京 3 个电视机专业骨干企业和一批配套企业，并通过了组织"联合设计"、优化电路关键元器件的质量公关，提高裸机质量、开发新品种。

3.2.2　中华人民共和国成立后电视机工业阶段性发展

中国电视产业发展和欧美相比普及晚了 40 多年，在 1979 年改革开放前并不普及，还不是现在我们能理解的一种大众传媒媒介，只可能是公共环境、企事业单位、达官贵人家中的一种"新奇科学仪器"。

但从中国 1958 年献礼电视机"中华第一屏"和 70 年代生产的电视机上，很难从造型上分析其演变轨迹和原因，中国电视机样本少且生产年代较为断续。由于显像管等核心零部件不能自产，即使到了 70 年代，中国电视机的生产量依旧不够稳定，所以只有将中国出现的电视机产品置入世界电视机造型发展的演变轨迹中，才可以理顺整个电视机造型演变历程、分析其背后造型变化原因。通过横向对比中西方电视机造型发展的轨迹可以看出（图 3-18），国外电视机自 20 世纪 40 年代家具型电视机体积逐步发展、机壳逐渐轻薄化，由大型落地式机变为台式机。1958 年中国第一台自产电视机北京牌电视机的外观造型即借鉴了国外 20 世纪 50 年代流行的台式机型。70 年代中国电视机造型也借鉴了国外 70 年代电视机"左屏幕右调频区"的产品界面，由于当时中国塑壳工业尚未发展成熟，故 70 年代中国电视机外壳以方形木壳为主，正面加塑料音窗板，未发展出国外类似圆弧太空舱型夸张的未来风格（图 3-18）。

（1）中国电视产业酝酿期（1949-1958 年）

1955 年，根据中国教育部的计划部署，清华大学聘请了苏联专家康斯坦丁教授来华讲学[2]，掀开了中国发展电视工业的序幕，作为中国电视事业摇篮的清华大学在从苏联引进电视广播系统谈判失败后，因为与苏联专家关系交好，依旧通过个人关系从苏联的电视台，工厂和研究所拿到了许多关键部位的零件，摄像管，显像管乃至小批量的电视机，天津 721 厂生产的"中华第一屏"就是以苏联专家送来的电视机为模板的（图 3-19）。

---

① 中国电子视像行业协会编. 中国彩电工业发展回顾 [M]. 北京：电子工业出版社，2010：326.

② 中国电子视像行业协会编. 中国彩电工业发展回顾 [M]. 北京：电子工业出版社，2010：82.

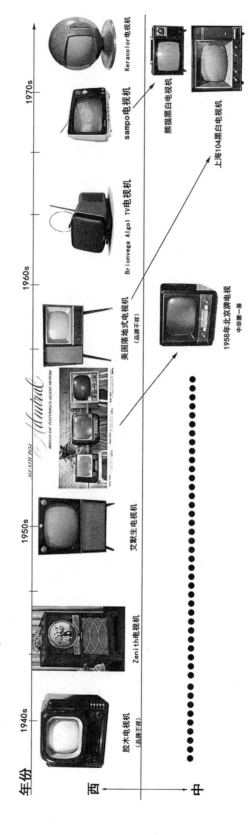

图3-18　中西电视机造型演变对比

图 3-19　苏联电视
（上）与中华第一屏
（下）造型对比

中国为了赶上世界先进水平，就把研发电视机的任务交给了国营天津无线电厂，中国的技术工程师黄仕机当时只在刚工作时参加过抗美援朝的军用通信步话机的设计，电视机都没有见过，在比较研究了苏联带回的"红宝石"电视机和"旗帜"牌电视机后，决定借鉴仿制苏联的"旗帜"牌电视机。在 1958 年年初确定电视机设计方案时[①]，根据我国当时电子产业配套产业发展低下，各种元器件还无法自产，工艺加工水平低的情况，设计出电视接收和调频接收两用，使用国产电子管期间，控制旋钮设在前方的电视造型设计，可以说，由于当时工艺和技术限制，在家用电器造型设计中并未有设计背景的人员参与，参与的只是技术研发人员，考虑的问题是简单、易用。

（2）黑白电视发展期（1959-1965 年）

仅仅是研制"中华第一屏"成功的第二年，中国就将眼光放在了制造晶体管电视机研发上，这时距离美国研制出第一台全晶体管电视仅仅间隔 5 年。当时全国都将主要任务放在如何将电视系统晶体管化。但由于技术不成熟、价格昂贵，一台 9 英寸的黑白电视机成本 900 元[②]，20 世纪 70 年代国家对电视机生产企业采取了政策性亏损补贴的扶持，零售价只要 430 元，但依然产品价格过高，黑白电视机相对于普通家庭来说，已是天价，市场购买力不强，且质量不稳定，在当时的国民经济情况下，全国依旧以电子管黑白电视机生产为主，使晶体管电视机的研发步子缓慢，即使有南京、无锡、苏州等骨干家电生产企业，然而由于生产配备落后，无法进行量产。1959-1960 年期间，在郑学文[③]的主持下，曾经研制成功一台彩色电视机，但当时尚无彩色电视信号源，只能收黑白电视信号，万分无奈之下只好暂时停止研制工作。

（3）彩色电视大会战时期（1970-1976 年）

"文化大革命"时期，彩色电视机的研发被作为制造"无产阶级舆论工

---

① 中国电子视像行业协会编. 中国彩电工业发展回顾 [M]. 北京：电子工业出版社，2010：179.
② 参考上海地方志区县志《崇明县志》卷二十一《商品销售供应》黑白电视机定价。
③ 郑学文：上海广播器材厂工程技术人员，以 7 名技术员组成的电视机研制小组。

具"的政治任务被提上日程，在全国发起了一场轰轰烈烈的攻关大会战。瞬间，天津 712 厂作为"华夏第一屏"的诞生之地被视作全国彩电业的"圣地"。来自全国各地的技术人员蜂拥而至，参观学习，但被政治运动一样被发起的彩电会战并不可能给中国的工业发展提供契机，此次运动并没有给中国的电视机科技带来提高。中国的彩电业是在 20 世纪 80 年后引进日本生产线，进口重要零部件组装生产之后才大规模发展起来的。

3.2.3　中国电视机的发展及造型分析

1979 年改革开放前中国的电视机始终未普及，原因不仅是经济，还有更多的国家政策、技术来源、人才等方面的问题。

（1）手工业生产下的"电子工业"

中国在没有经历第一次工业革命机器生产的锻炼而直接进入电力使用为标志的第二次工业革命，其弊端在此时被暴露出来。因为没有通用机械设备和专用设备，以手工业加工电子电器产品的生产方式是这一时期电子元件生产的主要特点。

家电产品是在工艺、设备极其简陋的条件下生产出来的。生产碳膜电阻的被碳设备是用无缝钢管自制的被碳炉；刻槽工艺使用的是牙科医生的磨牙砂轮机；生产扬声器的纸盆制作工艺，是把纸浆放在大水缸里，用竹片捣烂，再以人工用脚踩匀。有的用摇面条机制作螺丝配件，以农用脚踏水车代替电动机，以千斤顶代替油压机，通用机械设备数量很少，专用设备更少，电视机用的木壳是木工师傅们手工制造的，连铭牌设计也是用有机玻璃雕刻出来后粘贴上去的，根据原南京熊猫电子厂老设计师哈崇南 2012 年追忆，熊猫 DB31H2 电视机外形来源即使用现成的配件拼凑组合而成，并未特地开模具（哈崇南手稿见附录四）。这在电子管、晶体管黑白电视机时期可以行得通，但越到后来，集成电路彩电时期"手工业研发方式"就完全败下阵来。

（2）"重电视机、轻电视广播设备"研发导致的不同后果

在 1958 年集全国之力研发了中国第一台黑白电视后，中国机械部就发起了彩色电视研发的集结令。经过 70 年代的全国彩电会战期，上海广播器材厂研制的彩色电视监视器可以收看到"阿波罗"登月的彩色电视画面，而中国第一台彩色电视机是 1970 年 12 月在天津通信广播电视厂研发成功的[①]，如图 3-20 所示，可以看出中国电视机不同时期基本造型的变化，虽然

---

① 中国电子视像行业协会编. 中国彩电工业发展回顾 [M]. 北京：电子工业出版社. 2010. 166.

中国电视机造型演变

1958 年　　　　　　　　　　　　　　　　1960 年　　　　　　　　　　　　　　　　1970 年

木箱式、双旋钮　　　　单侧喇叭、下排旋钮　　　　收音机、电视二合一机　　　多功能区分割、拨轮式旋钮

北京牌电视机　　　　上海 104 电视机　　　　星火二合一电视机　　　　上海飞跃牌电视机

图 3-20　中国电视机造型演变轨迹（1958-1979 年）

（a）北京昆仑牌电视机　　（b）上海飞跃牌黑白电视机　　（c）英雄牌黑白电视机　　（d）金星牌黑白电视机

图 3-21　20 世纪 70 年代中国电视机造型比较

不是整机自行研发，关键部位是进口零部件，但在如此艰苦的条件下研发彩电成功，不仅大大鼓舞了中国技术人员的自信心，也为后来的家电研发积累了经验。相较于中国的彩电产业，电视广播的另一头，电视拍摄、制作设备，却因为技术难度大，品种太多，使用受众较少，国家采用了进口优惠政策，于是美国、日本、欧洲的先进广电设备蜂拥而至，冲击我国自身的研发事业，时至今日，最明显能看到的结果是虽然电视都有国产，但摄影机、电视转播设备、光学仪器、照相机几乎全部都是国外进口商品，中国已无力在这些设备的技术领域与国外的产品例如索尼、尼康、飞利浦等大公司竞争。

　　随着各省市电视台的开播，电视机数量远远无法满足日益增大的市场需求，"北方的电视机厂仿制天津无线电厂生产的 820 型 14 英寸黑白电视，而南方的电视机厂大多仿制由上海广播器材厂生产的 104 型 14 英寸黑白电视机。"[①]这使得中国当时大部分电视机的造型基本一样，并且为了降低成本，中国机械部决定组织全国电视机联合设计，使得各厂的元件器材可以通用（图 3-21），外壳可以互换（图 3-22），这和欧美各大电视机企业公司

---

① 中国电子视像行业协会编. 中国彩电工业发展回顾 [M]. 北京：电子工业出版社，2010：179.

为了争夺市场争先恐后地推出造型新颖、奇异
的家用电器以吸引客户的生产目的是不同的。

3.2.4　电视机发展对比分析（以中日为例）

长久以来中国的家电产业一直在和日本做
比较，用日本家电业发展的时间段作为中国的
家电业发展对照时间表，比较中日两国电视机
造型之差异，试图说明中国家电制造业如何一
步步落后于日本。但仅从中国国内政治情况简
单定义中国因为政治运动拖延，而日本的家电
业奋起赶超并不准确。分析中日家电产品造型
差异不能只着眼于内因，还必须分析其技术来
源、时代契机、技术工的教育、设计环节等多个方面。可以从以下几个方面
进行分析。

图 3-22　北京 852 黑白电视机与上海 104 黑白电视机造型对比

（1）技术来源

中日电视机产业曾经在同一起跑线，但仅过了 20 来年就变得"云泥之
别"，只从制度分析并不全面，日本在第二次世界大战后和中国一样一穷二
白，战争几乎完全摧毁了通信业。朝鲜战争爆发，美国改变对日政策，对日
本的电子工业产业进行扶植[①]，在朝鲜战争中，日本得到了来自战争的"特
需订单"，高达 36 亿美元[②]，松下电器彻夜开工生产向战场提供蓄电池。其
在朝鲜战争中的获益还不止于此，日本借着朝鲜战争的时机不仅向世界输出
了大量商品，还借机恢复了国内的工业基础，使许多因内需不足的工厂起死
回生，并在第二次世界大战之后打开国门，从欧美国家引进先进的技术与生
产设备，发展家用电器产业，掀起民间建厂投资生产的高潮。

索尼的前身即东京通信工业公司，它的起家得到了美军和远东军的通信
订单，日本 NHK 也请它建立播音室，但它的最大的成功之处是引进美国的
晶体管技术，用于民用的收音机制造。当时晶体管在美国还只是限于用来生
产助听器，索尼公司就果断地引进晶体管生产收音机。所以一般认为的日本
虽然和中国同时在 20 世纪 50 年代均能生产黑白电视机，在电视机产业上
站在了相同的起跑线上，但技术却是不可同日而语的。

中国当时与美国交恶，向苏联学习，但苏联在晶体管上的发展并没有太

---

① 美国援助欧洲的"马歇尔计划"，日本是最大的"特需"生产基地和供应商。
② 高砥. 战后日本机械工业剖析 [J]. 日本问题研究. 1982（2）：37-57.

大的优势，美国才是当时电子工业的最强者，而日本在第二次世界大战后受
美国控制，美国在中朝战争中将日本作为军备生产地，使得日本在这期间积
累了大量电子工业技术，这就是朝鲜战争结束后日本晶体管、集成电路大力
发展的原因，即使中国当时没有"文化大革命"，也无法与当时已恢复在第
二次世界大战前工业水平的日本相比。

（2）人才因素

中国技术人员去日本电视机厂参观时发现，生产技术部有 400~500 个
工程师，任务是做设备，搭建生产线，制造部有 1000 多人，任务是按技术
文件生产，而技术文件由设计部的设计师来定，设计部有十几个人，基本全
部都是工程师。并且日本工程师做事情非常仔细周到，经常会做一些技术报
告表格，将技术报告做成各种统计图，记录简明扼要，一目了然。

中国由于经历了"大跃进""文化大革命"时期，工厂的正规技术与产
业管理遭到了破坏，工人积极性倒是有，但工作的科学性较为缺乏，并且文
化素质无法与高科技产业跟进，例如研发晶体管黑白电视机时水平扫描线有
一个角形拱起，反复检查线路设计没有问题，最后拆开发现工人在绕制偏转
线圈的时候，顺时针回到起点应该"跳回"结果变成了"绕回"。又有一次
电视图像出现粗粒子噪声，结果发现是高压线与地线相碰，诸如此类的问
题，层出不穷，使得中国家电在发展初期面临非常多的质量问题，导致后期
频繁退换货。

（3）造型模仿

从 20 世纪六七十年代，从日本生产的家用电器的造型上可以看出，日
本的家用产品与美国的产品相当雷同，表明了日本当年的产品也是走过了一
条模仿之路，这对日本家电工业来说，可将研发产品的风险降到最低，并且
日本也和中国一样，在 20 世纪 60 年代时，家电整机并没有实现完全自产，
为了和进口的家电零部件组装"严丝合缝"，在当时，日本大品牌的家电外
形上与欧美著名品牌大家电几乎一模一样（图 3-23）。

图 3-23　日本 SONY
彩色电视和美国
RCA 彩色电视造型
比较

（4）注重细节改变

日本在模仿英美家电工业时并不像中国一样抱着"赶超英美"的决心，而仔细考虑选择一条异于欧美设计适合亚洲情况的家电发展之路，在设计家电造型时并不是一味求大求华丽，而是根据中日家庭居住面积，主推12~14英寸，大小合适、价格合适的黑白电视机进入中国。不仅为了中国改变电器电压从110V变为220V，甚至考虑当时中国电压不稳的现实情况增加了稳压器。最令人惊讶的细节是，日本家电制造商考虑到当时中国人会把电视机搬到公共场所众人一起看的习惯，把电视机音量改大了许多[1]。改革开放后，中国引进了电视机流水线，其中绝大多数是日本的流水生产线，中国家电业领域一度被日本家电技术占领。

通过中日电视机发展对比，可以得出研究家电产品造型不能单单着眼于家电企业本身，还必须关注历史时期下特殊的发展契机，以及外援技术的融入。

3.3 电动类家电——电扇

3.3.1 电扇发展概述

研究电扇造型必须关注电扇的技术来源，即钟表机械和航空业。20世纪30年代，受钟表发条结构的启发，美国人詹姆斯·拜伦发明了通过发条转动的机械风扇。电力被广泛应用后，电扇风叶在电动机的带动作用下进行旋转，进而使空气加速流动，或是使用一种调节空气的器具，使得室内和室外的空气能够进行交换。其作用是产生低压气流，实现通风降温。它广泛应用于家庭和各种工作场所。电扇在世界上出现的时，不仅仅是由于电机产业的带动与发展，它还是飞机发动机、电机、螺旋桨技术和空气动力学介入民用产品的产物。而电扇在中国出现时，中国仅有电机工业支持，在电扇叶片造型设计上并无风洞测试等航空技术的加入。1914年，中国杨济川通过翻砂仿造制造了中国第一台电扇，为了祝愿"中华民族的生存和发展"，将电扇名定为"华生牌"。[2]

（1）机械发条和电能技术介入

1830年美国人詹姆斯·拜伦利用钟表发条结构发明了机械风扇。1872

---

① 温世光. 中国广播电视发展史 [M]. 三民书局股份有限公司，1983.

② 《中国电器工业发展史》编辑委员会编. 中国电器工业发展史 综合卷 [M]. 北京：机械工业出版社，1989：21. 记载"杨济川为自学成才，于1916年成立华生电器厂，原是制造变压器和电机的民营企业。"

图 3-24 机械发条式电扇

年法国人约瑟夫发明的靠发条涡轮启动的风扇在某种程度上并不算是"电器",因为这种风扇只是一种机械物依靠发条制动,并不是靠电能驱动。但它已经具备了风扇的基本形态,驱动装置和扇叶。

"1880 年美国人舒乐发明的用电力驱动的风扇可以称之为世界上第一台电扇"[1]。但由于舒乐发明的风扇最终没能成为商品,舒乐本人也只能成为电扇发明者而不是制造商。最早发明了商品化的电扇是美国纽约的克罗卡日卡齐斯发动机厂的主任技师休伊·斯卡茨·霍伊拉。第二年,该厂开始批量生产,当时的电扇是只有两片扇叶的台式电扇(图 3-24)。

(2)飞机发动机和空气动力科学介入

自世界上最早的齿轮驱动左右摇头的电扇由美国的埃克发动机及电气公司研制成功后,世界电扇技术就再也没有和航空航天的技术分开过,此时电扇成为高端产业带动下的民用电器业最好的技术衍射象征(图 3-25),甚至连最初的固定在天花板上的电扇也是做成小飞机的造型。由于电扇生产商是由不同领域专业知识的生产商组成,例如来自航空设计、电气工程、机械工程,结合了艺术设计和工业设计,相互渗透,对世界电扇造型发展的轨迹造成了很大的影响。其中,空气动力学在影响飞机涡轮制造的同时,很大程度上还影响了电扇造型设计的轨迹。

图 3-25 美国 20 世纪 40 年代 VORNADO 10D1 风扇

---

[1] 百度文库. 电扇. 互联网文档资源(http://wenku.baidu.c)2012,(11).

20 世纪 30 年代，小型台式风扇，在马达罩壳的设计上仍旧体现出飞机机头的造型，这标志着航空设计一直在影响民用电扇的设计。当代风扇设计师也在设计电扇马达罩壳和螺旋桨形状的叶片中考虑到流线型造型。于是一直以来，通过模仿飞机的引擎，电扇的外形一直依据的"空气动力学"原理，曾经出现过将风扇罩在一个文氏管内，减少空气湍流对风扇运转的影响，同时提高空气的流通率。

3.3.2　电扇结构演变成因分析

（1）电扇叶片造型与飞机螺旋桨的演变关系

通过造型比对可看出，和最早时期的飞机螺旋桨一样，最初电扇的叶片使用的是单轴，两片叶片。随之而来的是叶片设计，如何在空气推动最大化和噪声控制两方面达到平衡成为设计新的侧重点。就这一方面来说，简单地按照工业设计、艺术设计的思维理念进行叶片设计显然是不够的，这就需要飞机制造业中的空气动力、物理学的支持。美国新泽西贝尔维尔的埃克风扇和电机公司就使用了飞机螺旋桨技术来设计和生产家用电扇的叶片。1915年，埃克采用了获得专利的"明"（Ming）[1]叶片设计，有效地降低了风扇运作时的噪声。这证明当时电扇的外观设计受到了飞机设计的空气动力学和机械美学的影响。

如图 3-26 所示，从对比中我们可以看出，随着航空事业尤其是飞机设计的发展，电扇叶片设计由简单的单轴、桨式叶逐渐增多变得复杂，以期产生更大的风能。并且增加了电扇网罩，从而增强产品的安全性。早期的风扇叶片设计与设计飞机螺旋桨的空气动力学是相符的（图 3-26）。

（2）电扇面罩形态与功能性演变

风扇面罩的形成一方面是出于安全性的考虑，另一方面是为了控制风向（图 3-27）。GE 公司设计的飞机涡轮式电扇设计出花瓣式的面罩。英国的 WEBLEY 风扇设计出特殊的百叶窗式摆头设计，从而达到控制风向的目的。受到 20 世纪新艺术运动，美国 30 年代推出的 R&M PEACOCK 孔雀电扇则改用活泼而奇特的孔雀开屏式电扇面罩，造型奇特且富有趣味性。意大利 1950 年代设计的 San Giorgio 古董电扇改用安全的橡皮扇叶取代面罩的使用，以实现无面罩下电扇叶片安全运行。从电扇面罩一系列的变化中可以看出，人们尝试用面罩设计在实现安全性的基础上同时考虑趣味性和装饰

---

[1]　［美］斯蒂芬·奥斯丹尼. 空气动力学与电扇设计的演变，1850-1960[J] 装饰，2014（01）：29.

早期两叶电扇

意大利三叶电扇

美国西屋四叶电扇

法国五叶电扇

crocker-curtis 电扇

艾默生银天鹅电扇

图 3-26　欧美风扇
叶片与飞机螺旋桨
叶片对比

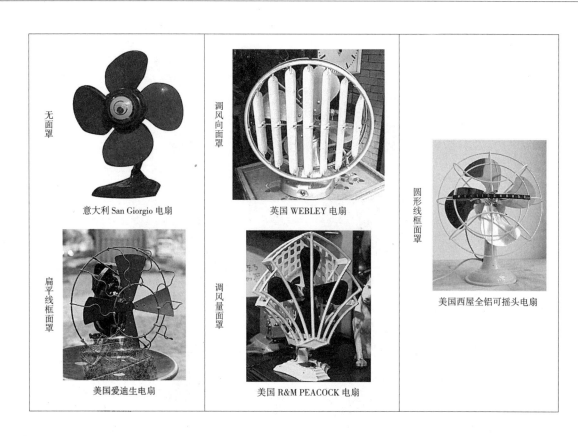

图 3-27　欧美电扇
面罩的演变

性。之后，随着流线造型设计的兴起，电扇的整体造型逐步趋向现代简洁形
态（图 3-27）。

3.3.3　我国电扇的发展及造型分析

（1）中国电机业对电扇业的影响

研究中国的电扇造型，必须分析其技术来源产业。中国电扇产业并非通
过飞机制造业和航空发动机事业的技术部门带动产生，国外的电扇制造商是
以航空发动机与飞机制造为设计理论，依托并结合不同领域专业知识——电
气工程、艺术、机械工程、工业设计和航空设计设计制造电扇，而中国的电
扇产业则是从一开始就"先天不足"，只有当时刚刚萌芽不久的电机业为周
边关联产业。

以钱镛森 [1] 在 1914 年创办的"钱镛记电器铺"为例，因创办人钱镛森

---

① 钱镛森（1887-1967 年），又名钱鸿泉，江苏无锡人。曾在上海德商瑞记洋行学艺，后升
　为领班。民国三年（1914 年），他靠一张钳工台，一台手盘小压床，一台手摇小钻床和
　几把榔头，几把扳手，在闸北黄家宅自己家中创办了镛记电器铺（现上海南洋电机厂的前
　身），从洋行下班后，就在家修理销售旧电机。

原来在德商瑞记洋行当过修理工，所以有一定的电机知识。钱镛森精于电机制造，但他不懂理论计算和设计，他是通过铜线和硅钢片的重量来调整电机设计的，他用这一方法仿制了西门子10kW封闭式纱厂用电机，并在上海与无锡收徒甚多，后来这些徒弟成为中国第一批电工。中华人民共和国成立后的南洋电机厂就是钱镛记为主的几家工厂合并而成的。

生产电扇的华生电器，当时也是一个发电机生产商，对电扇造型缺乏自主造型设计能力。只因在技术成熟、外观时髦的舶来品电扇的影响下，人们对本土电扇制造商不甚了解，只相信外国的、不相信中国货，对舶来品的一味地喜好，迫使中国电器制造商刻意模仿国外家电对电器外形不加改动。中国第一台电扇是华生电器创办人杨济川等人以美国奇异牌电扇作为样板，自行寻找铸铁翻砂、油漆等厂家，结合他们自己已经掌握的电机技术复制出来的。当时学习借鉴国外产品的生产技术和设计，也是一种与外货进行斗争的迫不得已的手段。中国早期的电扇造型基本上就是国外电扇的复刻版。

所以在中国，电机和电扇的产生和研发皆不是因为本国近代科技发展所推动的，而是靠工匠的经验仿制所发展而来。这点在后来的家电产品生产改进方面，带来了技术知识不足的隐患。

（2）中国电扇材质演变

中华人民共和国成立前中国在生产电扇中为节约"铜料"将国外电扇零部件的铜条焊接改进为铸铝，中国电扇早期以金属材质的本身色彩为主，如黄铜色、黑色铸铁、银白色铝材等。新中国中华人民共和国成立后，由于金属短缺，价格昂贵，电扇一度被视作奢侈品、资本主义"享乐生活"的物化代表而被限制生产，中国"大炼钢铁"期间被毁的民国遗留下来的电扇和本土民营生产的电扇不计其数。为节省钢铁，中国电扇制造商想尽一切办法节约金属材料，甚至不惜使用陶瓷底座作为电扇的底座，轻质线框式电扇底座也纷纷出现。随着中国塑料业和复合材料技术发展，可替代纯铜、铸铁的材料技术日趋成熟，例如塑料、铝合金材质的使用（图3-28）。从香港引进的塑料电扇也在国内发展起来，同时伴随着电扇色彩也丰富起来。塑料材质本身就具有丰富的色彩，通过改变电扇基础材料的色彩，可以辅助其功能。以明度较高的色彩为主色，可以给人轻便、灵活的视觉效果。在电扇的外观造型历史演变中，以各种材料的更替为主要变化。

（3）电扇造型衍变

1）引进与模仿阶段

1916年，杨济川与好友叶有才、袁宗耀在四川北路横浜桥合资成立了华生电器制造厂，自学成才的杨济川曾在1914年成功研制国产第一台

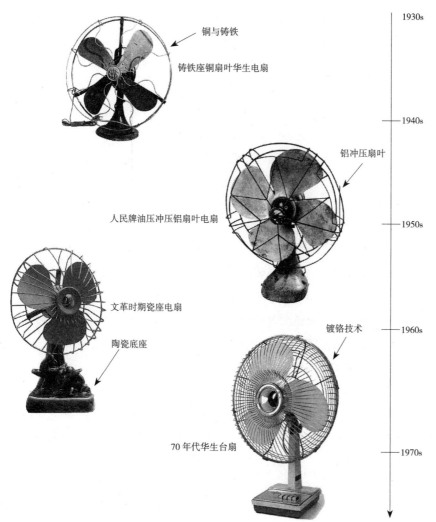

铜与铸铁

铸铁座铜扇叶华生电扇

1930s

1940s

铝冲压扇叶

人民牌油压冲压铝扇叶电扇

1950s

文革时期瓷座电扇

陶瓷底座

镀铬技术

1960s

70 年代华生台扇

1970s

图 3-28　电扇材质演变（20 世纪 30~70 年代）

电扇，[①]1924 年华生电器厂开始大量制造 "华生牌" 电扇并在上海地区销售，其产品和美国通用电器公司的 GE 牌电扇外观造型极度相似。通过将国外电扇 100 年间的造型变化和同时期中国电扇的样本进行比对，可以看到中国电扇在 20 世纪 20 年代和 20 世纪 40 年代与国外电扇相似的造型（图 3-29）。20 世纪 20 年代所流行的新艺术运动中的曲线风格使得当时的电扇铜丝金属条面罩扭转为均匀排布的 S 形，梨形的四片扇叶呈现旋转曲线排列，象征了风的拂动，20 世纪 20 年代的电扇底座采用了钟形圆锥形。此后，在美国三四十年代流线型风格流行时期，华生电扇的造型也随之变为流线型整体机

① 中国电器工业发展史编辑委员会编. 中国电器工业发展史 综合卷 [M]. 北京：机械工业出版社，1989：22.

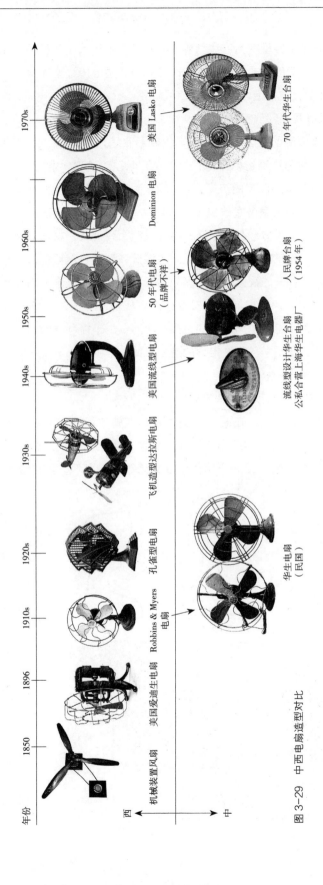

图 3-29　中西电扇造型对比

身设计，底座由钟型变为流线型导弹头式。在中华人民共和国成立初期华生电扇以公私合营的方式完成国有化改造。将美国的流线型电扇造型设计融入了中国 50 年代电扇造型中去。

2）吸收及局部创新阶段

中国电扇造型由 20 世纪 20 年代钟形底座，经历了流线型设计后，流线型椭圆电扇马达壳造型一直保持到 20 世纪 70 年代（图 3-30）。随着国际潮流辐射式电扇面罩的流行，70 年代上海轻工业专科学校装潢美术系的吴祖慈对华生的电扇做了改良设计，对比 60 年代中国电扇造型，他将电扇的铁底座设计成长方形高台底座，将开关改为琴键式，将网罩金属条改为辐射式并镀铬，使电扇面罩闪亮饱满，色调选择湖蓝色淡蓝色，符合中国人炎炎夏季似清风徐来的视觉感，并多处增加银片装饰，整个电扇在转动角度时显得闪闪发光，煞是好看。此次设计大获成功，在国外市场击败了日本电扇，一度受到全国各电扇厂商的追捧和学习。由于体制原因，并没有产权保护，相反全国争相学习华生电扇的造型，此造型由华生电扇厂为中心，扩散至全国各个电扇厂家。

3）改进后的无锡菊花牌电扇

20 世纪 70 年代，在经济形势大好和广阔市场需求的拉动下，作为技术含量相对较低的家用产品，风扇成为各市建厂的生产对象。在这种大环境下，由几个街道手工业作坊组合成立无锡市电扇厂。刚成立的无锡电扇

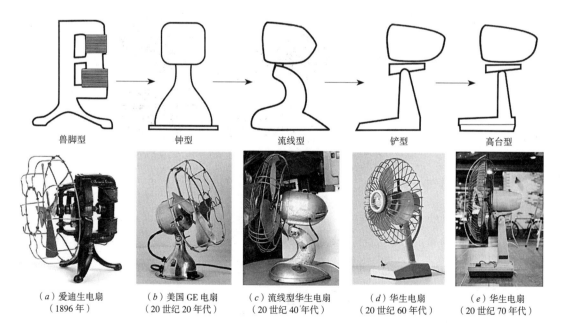

兽脚型　　　　　钟型　　　　　流线型　　　　　铲型　　　　　高台型

（a）爱迪生电扇
（1896 年）

（b）美国 GE 电扇
（20 世纪 20 年代）

（c）流线型华生电扇
（20 世纪 40 年代）

（d）华生电扇
（20 世纪 60 年代）

（e）华生电扇
（20 世纪 70 年代）

图 3-30　电扇机体造型演变

（a）上海华生牌电扇　　　　　　（b）无锡菊花牌电扇

图 3-31　上海华生电扇与无锡菊花电扇对比

厂一方面学习先进的风扇制造技术，不仅派人员去上海向华生电扇学习，还专门派人到国外风扇制造企业去培训；另一方面与无锡轻工业学院合作，研究风扇的设计、制造和安装技术，在学院造型美术系的协助下，七条生产线、检测线相继投入生产。其推出的菊花电扇，通过借鉴国内外同类产品（图 3-31），在从外观造型上进行了一定程度的改动，对于外形设计上的创新却很少。因当时使用了在商店橱窗里持续不断地工作的现场检验方式，验证运行数千小时的电扇质量，检测后发现其内部温度正常，轴承磨损仅是头发丝的 2%，故而一时间名声大噪。

中国电扇产品从仿制美国 GE 电扇外观造型开始，通过改良制造、消化直至吸收形成自有品牌。以华生等实力较强的电扇厂首先负责完成电扇的造型改良设计，继而将技术工艺推行普及至全国各省份，以"母鸡下蛋"的方式帮助或以图纸公开的形式短期内帮助全国电扇厂家的电扇生产，完成了中国电扇的本土化的自制进程。

3.4　其他家电产品

3.4.1　照明类家电——电灯、手电筒

（1）电灯

作为和老百姓生活最为贴近的电灯，早在 1879 年就已出现[①]，当时是从国外运来的引擎发电和一些照明器材，电灯的光芒终于第一次亮起在中国上海黄浦江的外滩。因为技术成熟得比较早，20 世纪 20 年代灯泡就实现了国产化，所以电灯是当时中国最普及的家用照明电器（图 3-32）。

60 年代之前家用照明产品外观造型较简单，不要说灯座的设计和改进，最常见的是只以灯泡的悬挂方式进行照明，灯罩则以搪瓷灯罩和玻璃灯罩为主。

---

① 中国电器工业发展史编辑委员会编. 中国电器工业发展史 综合卷 [M]. 北京：机械工业出版社. 1989：24.

亚浦耳广告　　　　　　　　　　　1953年北京房山农家安装电灯

搪瓷灯罩

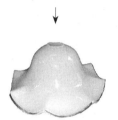

玻璃灯罩　　　　　　　　　　图3-32　吊灯

　　电灯传入我国后，围绕电灯逐步加入了富有中国特色的材料工艺与装饰题材，甚至在"文化大革命"时期其他电器被视作"为资产阶级服务"的东西被批判和打压时，电灯也并未被打压，反而在电灯装饰上加入了"文化大革命""样板戏"的元素，突出了时代性的特点。并且，在灯泡工艺未做改进的情况下，灯罩和灯座发展出了中国独有的工艺美术的装饰风格。因造型极其多样，以灯座的主要制作材料为特征，可将灯具大致划分以下几类。

　　1）木制灯

　　中国在电灯泡技术成熟后便熟练地开始使用各种材料来装饰美化电灯，在最开始的时候使用了中国人最常使用的材料，木材，并将最早的电灯座上使用了雕刻艺术，多使用龙形（图3-33），也用中国传统的吉祥造型——寿星。

　　2）琉璃灯

　　中国的琉璃技术可谓历史悠久，古法在唐代就已出现。20世纪50年代博山琉璃公司由于大环境的影响，使得琉璃传统工艺不景气、开工不足，被转入日用玻璃器材和照明器材，博山琉璃厂不再生产古法琉璃，而是将中国古老的琉璃艺术运用到日用品灯罩中去（图 3-34），在接下来的整整 30 年的时间里，琉璃身影遍布中国家用照明器材界。

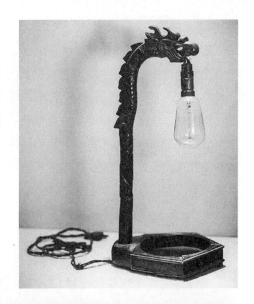

图 3-33　清代木制灯

图 3-34　琉璃材料灯具

3）景泰蓝灯

20 世纪 70 年代外贸出口的脱胎透明景泰蓝台灯充分地体现了中国的景泰蓝工艺之美。[1] 脱胎景泰蓝又称透明蓝，是起源于清末的一种工艺，作为出口外贸市场的商品一度畅销海外，为国家出口创汇，由于工艺复杂，价格昂贵，在国内并不普及，能见到的较少，但从实物国外回流数量来看，这种台灯在六七十年代景泰蓝等传统工艺生产企业生产销售不畅的情况下转产日用电器取得了很大的成功（图 3-35）。

图 3-35　20 世纪 70 年代脱胎透明景泰蓝灯

4）金属灯

金属材质灯在中华人民共和国成立后家庭民用方面使用较多，落地灯杆子是金属的，外加一个温和的纸质或者天鹅绒灯罩，可给人以温馨的感觉。全金属搪瓷灯罩在厂矿企业中使用较多。

5）瓷制灯

瓷器是中国古老的传统工艺，在灯座制作上属于非常成熟、精湛的制作手段，民国时期多为传统侍女、吉祥如意等装饰题材，"文革"时期更以著名人物和著名戏剧作品题材为装饰。装饰方式按瓷制部位可分为灯座人物装饰，瓷制灯座鸟兽装饰，瓷制灯罩、瓷瓶底座等方式（图 3-36）。

综上所述，可以看出，电灯这类照明电器是中国最普遍也是技术成熟最

图 3-36　20 世纪 70 年代瓷制灯

---

① 张向东 , 张宝华 . 中国景泰蓝文化 [M]. 北京：中国华侨出版社，2011.

早的一类家用电器，造型最为多变，形式各异、材料各异，充分发挥了中国
民族工艺的优点和特长，最能体现中国的民族特色。

（2）手电筒

早在民国，手电筒就有进口，美国 EVEREADY 牌手电筒是美国最
早做手电筒的企业，在第二次世界大战时期已经形成了长筒镀铬的外观
（图 3-37），作为舶来品在 20 世纪初即传入中国，在民间逐渐替代火把、
松明，尤其在公共照明落后的农村，普及范围极广。手电筒外观造型发展没
有太大改动，遵循外观符合功能的极简设计。1920 年，中国最早的手电筒
生产企业出现在广州，为振文电筒厂，后因经营不善而倒闭。1921 年，周
开帮、周和帮兄弟开办金属制品厂，模仿美国 EVEREADY 牌手电筒制作了
中国第一款手电筒——虎头牌手电筒，由于早期中国电镀工艺不佳，故民国
国产手电筒多以黄铜为材料，刻有中国传统吉祥纹样（图 3-38）。中华人
民共和国成立后，因铜金属紧张，国家号召节省材料，以其他材料代替铜料

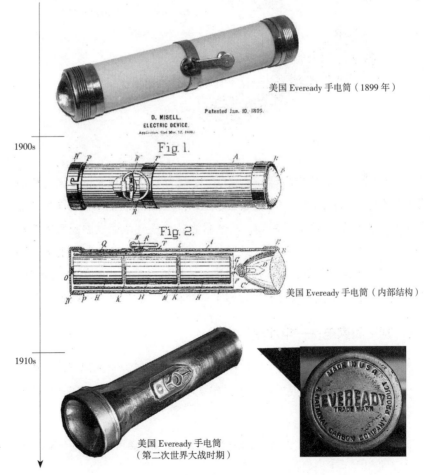

美国 Eveready 手电筒（1899 年）

1900s

美国 Eveready 手电筒（内部结构）

1910s

图 3-37　美国 EV-
EREADY 牌手电筒

美国 Eveready 手电筒
（第二次世界大战时期）

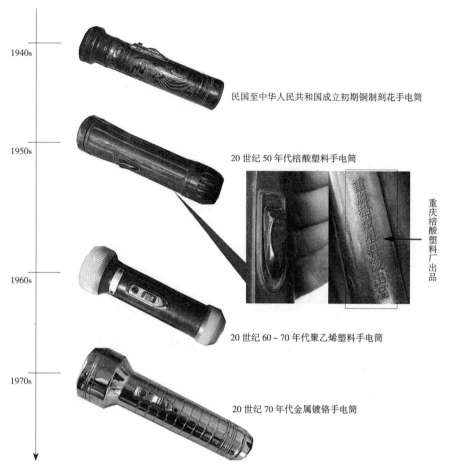

1940s

民国至中华人民共和国成立初期铜制刻花手电筒

1950s

20 世纪 50 年代榀酸塑料手电筒

重庆榀酸塑料厂出品

1960s

20 世纪 60～70 年代聚乙烯塑料手电筒

1970s

20 世纪 70 年代金属镀铬手电筒

图 3-38　中国手电筒演变

等金属。1953 年，重庆榀酸塑料厂建成，手电筒作为产量大、金属材料需求量大的家电产品首先进入了以榀酸塑料替代金属外壳的生产，为国家节省了大量的金属材料。60 年代后期，基于石油工业基础之上发展起来的塑料聚合物工业的发展，带动了"文革"时期的聚乙烯手电筒的大量生产。70年代后期，国民经济转好，本着耐用原则，金属镀铬手电筒又回到了人们的生活中。手电筒在中国普及度之广，甚至被戏称为"家庭第一件家电产品"。

3.4.2　制冷类家电——电冰箱、空调

尽管早在 1954 年，沈阳医疗器械厂生产了中国第一台冰箱[1]，并在次年，天津医疗器械厂试制成功第一台封闭式压缩机式冰箱，但 1979 年前冰

①　中国电器工业发展史编辑委员会编. 中国电器工业发展史 综合卷 [M]. 北京：机械工业出版社. 1989：502-507.

箱在中国一直作为医疗器械纳入医疗工业生产体系，不是真正意义上的家用电器。有着相同情况的还有空调，中国制造空调始于 20 世纪 60 年代，由上海冰箱厂首次研发成功中国第一台窗式空调，但仅供一些特殊部门使用，在各地地方志、五金交电销售部在 1980 年前未出现销售记录。也并没有大规模出现在普通百姓的家庭生活中。所以本书在分析改革开放前中国家用电器时不对空调和电冰箱做过多的造型分析。

值得注意的是，电冰箱和空调家电产品在中国市场上没能量产并不是质量不过关，最关键的问题是由于 1949-1979 年中国整体经济较为落后，电冰箱和空调不止脱离当时人们的消费水平，并且由于电费相对昂贵，尤其是此阶段中国人民的饮食非但没有达到过剩需要保鲜，甚至极为紧缺，冰箱相对于当时的社会状况属于超前的产品，技术再好，也找不到市场，这也是为什么家电产品设计必须和社会发展、人民经济紧密相关。

3.4.3　清洁类家电——洗衣机

中国第一台洗衣机直到 1978 年才在无锡小天鹅洗衣机厂出现[①]，但这并不意味着家用洗衣机的量产，因为这台"照猫画虎"完全模仿日本松下洗衣机的"手工制仿版"洗衣机在转动了几个小时之后就停止了转动，在接下来的 10 年间，小天鹅洗衣机厂一共只卖出了 20 万台[②]，并且质量很差。与向日本松下通过"中国环球公司"租赁合同引进了生产洗衣机的全套技术，其中包括模具和注塑机，依旧因为管理不善、工人技术问题无法将设备使用起来，最后通过请回原厂长朱德坤回厂加强管理，才在 1989 年制造出了日本松下洗衣机的"克隆版"小天鹅"爱妻型"洗衣机（图 3-39），这距离号称制造出了"中国第一台洗衣机"的时间已经过去整整 11 年。

对于这种这种现象，研究中一般称为中国"记录"现象，一般会把家电产品样机仿制成功的时间定为出品的时间，但这台家电是否能够量产，甚至能不能正常地按国际家电产品通用标准使用都是未知数或者不可考究，所以研究家电造型一般必须选用量产，并且已进入人们生活、与人们的生活产生互动性的样本。考虑到家电设计至量产有一段时间，具有延后性，所以本书一般在研究一件家电产品可分析时间要向后延期数年甚至十年，有时候研究必须涉及 20 世纪 80 年代的家电，80 年代初期的家电产品也被视作是在相

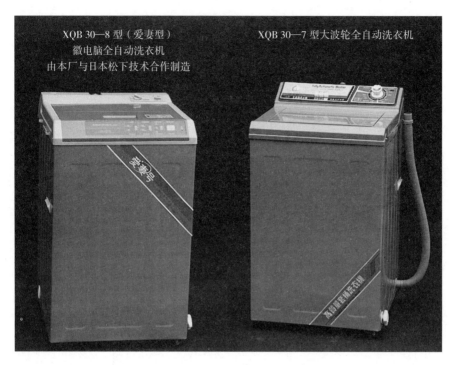

XQB 30—8 型（爱妻型）
微电脑全自动洗衣机
由本厂与日本松下技术合作制造

XQB 30—7 型大波轮全自动洗衣机

图 3-39　无锡小天鹅洗衣机

对封闭的计划经济体制下生产制造出来的，对本书家电研究样本有着补充的意义。

3.4.4　整容类家电——电吹风、电熨斗

（1）电吹风

　　法国人亚历山大（Alexandre F. Godefroy）受到吸尘器的启发发明了世界上第一个吹风机，其原理是通过引擎连接马达，将热气通过管道将头发吹干，因为最初机器体型巨大，只能放在理发店使用，故而不能称为真正意义上的家用电器。其后制造者将精力放在减小其体积的研制上，终于将此美容机器分化为小型吹风机与另一种美发器械烫发机。小型吹风机在民国时期首先传入中国上海。民国时期的上海，是"摩登的发祥地"[①]，上海摩登女子的形象代表即"……青丝的黑发，烫得像麻雀巢般神奇[②]……"大量舶来的吹风机在上海使用，民间也开始了仿制过程，多由小型金属制品厂仿制，故一般品牌与产地不详。中华人民共和国成立后，美容美发被认为是"资本主义生活方式"，进而被打压，妇女烫发美容之风几乎绝迹，所以即使吹风机早

---

① 申报. 谈摩登. 1934 年 8 月 24 日本埠增刊第 2 版.
② 真正的摩登妇女. 申报. 1934 年 2 月 8 日第 15 版.

在民国已有自产，但在 1949–1979 年间改革开放美发之风重新兴起之前，吹风机的生产量极少，造型改动不大（图 3–40），唯一的改变是金属外表面处理由铜制逐渐改为金属电镀工艺，木柄也变为复合材料，以减轻产品重量。

（2）电熨斗

熨斗在中国的历史悠久，可追溯至商朝的炮烙之刑，中国是世界上最早使用熨斗的国家，1882 年纽约发明家亨利研制出了第一个用电的熨斗，直到 1924 年，才由美国人吉茨夫研制成功真正具有实用价值的电熨斗[①]，中华人民共和国成立前就已有美国进口的胶木把手的电熨斗在上海出现，但那只是官宦大富之家的奢侈品，民国大多数人家继续用着不用电的"平底铁"，放置在火中烧红之后熨衣服。中华人民共和国成立后，电熨斗逐渐用于服装厂，也有少部分被家庭使用，造型与民国传入中国的美国电熨斗基本类似，只是金属表面处理由纯铜改为白钢、铁质电镀表面（图 3–41）。早在 1926 年在美国纽约就已出现了喷气电熨斗，但直至中国改革开放前也未能在中国出现。

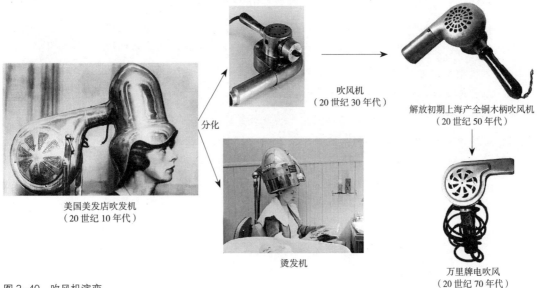

美国美发店吹发机
（20 世纪 10 年代）

分化

吹风机
（20 世纪 30 年代）

烫发机

解放初期上海产全铜木柄吹风机
（20 世纪 50 年代）

万里牌电吹风
（20 世纪 70 年代）

图 3–40　吹风机演变

---

① 飞翔. 人类有史以来最伟大的 100 项发明——工具、日用篇. [J] 中国发明与专利 2009（4）: 32.

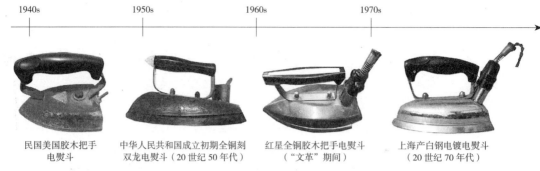

民国美国胶木把手　　中华人民共和国成立初期全铜刻　　红星全铜胶木把手电熨斗　　上海产白钢电镀电熨斗
电熨斗　　　　　　　双龙电熨斗（20世纪50年代）　　（"文革"期间）　　　　　　（20世纪70年代）

图 3-41　吹风机演变

3.5　小结

　　中国家电产品整体发展状况为：出现的时间不一，技术成熟有早晚，在时代因素的影响下，电娱、照明类家电发展较好；而制冷、电动类家电发展则较为迟缓，甚至一度因为被批判为"资本主义生活方式"的代表物，生产遭到停滞。通过将家电产品分类与其产业背景进行结合，和相关技术工艺来源进行造型演变方面的分析。中国各类电器发展影响的因素各有不同，侧重点也各不相同。收音机、电视机造型研究主要是分析其在世界电子技术发展进程中，电子管时期、晶体管时期、半导体时期及集成电路时期因技术因素带来的产品外观大小、面板设计、使用方式的演变过程；而研究电扇造型成因主要分析电扇的上游高端产业延伸出的空气动力学对电扇造型的一系列的影响，并对中国电扇的产生背景、造型成因、材料工艺进行阐述，从而解释中国电扇造型演变的原因；照明类家电由于技术成熟较早，中国传统工艺的介入呈现出各种具有中式审美趣味的造型，主要分析中国传统工艺和材料替代而形成的品种繁多的中国灯具的造型成因。结合大量的中西国家之间家电产品比对分析，得出中国家电产品造型是基于国外家电产品的基本造型上，在中国特定的制造业背景下逐步演化成"型"的。

第 4 章

1949-1979 年家电产品造型
演变特征及路径

中国家电产业在特定的时代背景下吸收国外家电产品的工艺技术，借鉴国外家电产品造型设计，受到体制、经济基础等影响，形成了自己特有的家电产品造型外观。影响中国家电产品造型变化的时代因素，工艺技术，社会因素相互作用又各自独立，特定历史事件可以改变产品造型风格，使某些工艺技术被抑制；工艺技术成熟、材质替代也会使原先属于奢侈品的家电产品社会地位发生改变，变成普通日用品；社会体制下供销关系会影响到家电造型的更新换代速度和各家电厂商之间产品的差异度。通过对时代因素、工艺技术、社会因素影响下的家电产品造型演变特征及路径研究，可以全面认识中国家电工业的发展历程。

4.1　时代因素下家电产品造型风格演变

4.1.1　由舶来品走向国货

家电类产品审美价值上不似艺术品般具有历久弥新的艺术价值，所以其造型审美和其所处的时代流行趋势有着很大的关联性。时代性的特征很重要，它不是凭空、随机地成立，除与社会的经济生活、文化发展有关外，也有物质技术的根源。技术基础的不同，所以其造型的时代性特征也就不同。

（1）中华人民共和国成立前"洋货"仿造

自晚清开埠通商，西洋各国向中国输入机械制品，时称"洋货""舶来品"。通商城市，受通商便利，形成了"洋货"拥趸之风气[①]。民国时期，商家富贾以"洋货"为美，事事不离洋货，家宅摆放也以舶来品为贵。售卖"洋货"之商店称为"洋行"，中国商行也出现了"仿造洋货"之风[②]，"洋货"成为富人阶层炫耀式消费风气之表达。从民国时期广告招贴（图4-1）可见，民国期间豪门大

图4-1　孔明电器行广告招贴
图片来源：左旭初《民国商标图典》上海文艺出版社集团发行有限公司

---

① 葛元煦. 沪游杂记·洋广货物 [J]. 上海：上海古籍出版社，1989（06）：28.
② 李长莉. 晚清"洋货流行"与消费风气演变 [J]. 历史教学，2014（02）：25.

户如以往炫耀珠宝财物般炫耀"洋货电器",当时电器产品属于"舶来品",稀有难得,且需要住房所属区域有电力供应,在当时也属不易。在招贴中可见无线电、台灯、壁灯、电取暖器等家电品种。这也是当时年代的家电顶级配置。中国商人制造的"仿洋货"实为使用西方机器制造的"国货"(表4-1)。在形制上与"洋货"无二,抄袭是为了满足众人之欲,所以不论是亚美收音机还是华生电扇,都走过一段模仿国外家电产品造型的"抄袭"之路,这也是整个时代的审美趣味所决定的。

中国早期家电中外产品对比　　　　　　　　表 4-1

种类	洋货	国货
收音机	（a）美国爱默生收音机（20世纪20年代）	（b）中国亚美收音机（20世纪30年代）
电扇	（c）美国 GE 电扇（20世纪00年代）	（d）中国华生电扇（20世纪20年代）
灯具	（e）法国螺纹玻璃灯罩（20世纪30年代）	（f）中国电灯罩（20世纪40年代）

由于在中华人民共和国建立家电生产系统之前，家电在欧美各国已经作为了一个成熟的科学产物出现在市场上，历经了科学仪器设备阶段、艺术装饰风格、流线型设计、功能主义风格、斯堪的纳维亚等风格的影响。这些风格的形成离不开西方国家在 14 世纪文艺复兴后科学技术发展等影响，包豪斯风格即在机器大工业发展到一定程度，滥用机器、滥用模具生产毫无意义的繁复装饰后形成的摒弃一切传统痕迹和多余的手工矫饰风格。反观当时 20 世纪 20 年代，中国尚处于战乱、政治无序状态，旧的制度被打破，新的制度尚未建立，各帝国把中国作为原料产地加以掠夺，并倾销工业商品。刚从"闭关锁国"状态下打开国门的中国，还未形成对自己的工业产品设计文化，就已经被倾销的工业产品充斥了生活。如图 4-2 所示，可以看出当时的中国已经充斥着包豪斯风格或者曲木工艺的家具，只不过当时的中国人民并未曾意识到这就是工业设计风格，更多的只是把它们看成是一种"新奇的洋玩意"、舶来品。采用了一种无主观意识、猎奇并且乐于模仿的态度来接受，在"舶来品"时期，中国本土制造的家电造型糅杂着众多西方国家的艺术风格。

（2）中华人民共和国成立后"国货化"设计进程

审美是随着时代的发展而发展，新的社会人文产生新的审美观念。在

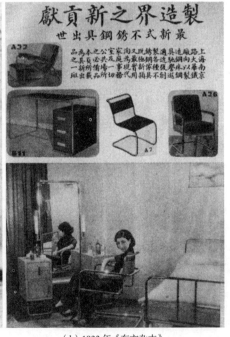

（a）1912 年的中国年轻人　　　　（b）1933 年《东方杂志》　　　　图 4-2　20 世纪 20
（德国托奈特 2007 年样本册）　　上海南京路大华铁厂钢具、钢厂　　　年代家具广告

中华人民共和国成立初期，实现"现代化生活"的重要标志就是家用电器，一旦被赋予其特殊的指代意义，家电产业的发展即上升到国家民生的范畴，"美国技术封锁"及后来的"中苏交恶"，使中国真正开始考虑体现"中国特色"的工业产品，在家电造型设计可以被加入的"中国传统元素"[①]，体现了当时中国"自力更生"的决心。中华人民共和国成立后推行"无产阶级专政"思想，推崇苏联审美标准，以大、重、革命性装饰为主，一改民国时期家电的"洋味十足"，彻底排除了英美资产阶级外来文化、也推翻以往龙凤旖旎的装饰纹样，改用更具革命性的五角星、稻穗、旗帜等设计元素，强调家电产品全国产化制造，打破西方国家技术的封锁，自力更生生产家电产品。在"文化大革命"期间，将所有装饰都以革命指代物来设计，结合中国传统文化中的雕刻、贴画、铭牌、书法等一切以艺术风格装饰手法设计家电产品外观，受到当时设计思潮的追捧。整个中国民族出现了在现代化进程中的"核心价值趋向"以及"民族认同感"。[②] 在家用电器外观设计便以国外类似产品为蓝本，积极主动地添加了本土的审美情趣和本土文化，形成了具有中国特色的赋有历史时期意义的家用电器外功能表面风格，尤其以"文革机"家用电器外功能表面风格为代表。

以凯歌收音机为例（图 4-3），中华人民共和国成立初期由于节约物资方面的考虑，直接使用了 Philip 收音机的面板进行组装，只是去除了 Philip 的商标换成了拼音字母 KAIGE。中华人民共和国成立后，随着国家意识的兴起，家电的全国产化进程，面板也随之发生改变，在原有商标的地方将"盾形"商标设计为水滴形凯歌标志，将面板指示仪表上的水波纹简化，在面板色彩的选择上摒弃了大面积白色，而改用国人更可接受的木纹色。这些造型变动与时代审美息息相关、20 世纪 50 年代开始，中国进入了一段具有国家意识认同感的"最不崇洋媚外"时期。[③]

4.1.2　由奢侈品走向日用品

家电传入中国，首先出现在租界外国人的豪宅之中，国人由震惊"异之"，随即蜂拥效仿。中华人民共和国成立前可以使用家电的家庭绝不是普通的中产阶级，当时一台收音机的价格可以抵得上一座别墅。20 世纪一台

① 何晓佑. 引进・消化・创造——中国工业设计教育浅谈 [J]. 装饰. 2003（10）: 90-91.
② 何一埠. 浅谈我国家电工业的发展道路 [J], 中国集体经济, 1999（12）.
③ 王舒展, 刘江峰, 王祥东. 国家殿堂: 人民大会堂建成 55 周年研讨会实录 [J]. 建筑创作. 2014（C1）: 10-23. 一文中提到: "20 世纪 50 年代, 是一个最不崇洋媚外的年代！……" 总理说: "我们要民族的, 要我们中国的。"

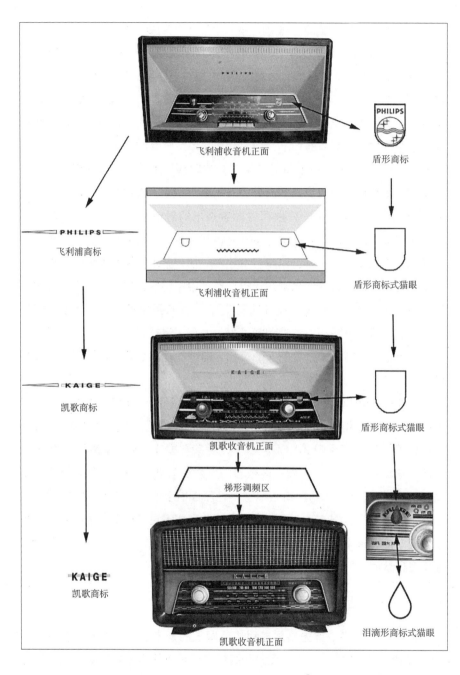

飞利浦收音机正面

盾形商标

飞利浦商标

飞利浦收音机正面

盾形商标式猫眼

凯歌商标

凯歌收音机正面

盾形商标式猫眼

梯形调频区

KAIGE
凯歌商标

凯歌收音机正面

泪滴形商标式猫眼

图 4-3　凯歌收音机国产化造型演变特征

机械精密、精雕细琢的电扇售价高达 40 两黄金。① 只有非富即贵者才可能拥有家用电器诸如收音机、电扇、电唱机等物。中华人民共和国成立后家电

① 梁伟言，本有. 择善固执的电扇收集狂——为上海世博会举办补上一段民族工业史 [J]. 世界博览（看中国）. 2007（11）: 64-67. 中写道："一台电扇竟达 9 万港币，中档次鎏金电扇也需一千个大洋。"

产品在技术工艺的变革中，经历了最初价格惊人的新奇"奢侈品"到寻常百姓家"日常用品"的过程。国家提出"普及"家电的口号。在 60 年代家电评比观摩讲话中刻意提到了"我们首先为谁服务"的问题[①]。为了实现价格的降低，家电生产商纷纷通过技术的改革、材料的演变，随着这一系列的变化，家电产品的外观造型也同样发生着改变。

（1）材料替代

中华人民共和国成立前的电扇、电熨斗甚至台灯座都是纯金属的，并且以纯铜制为最佳，铸铁次之。中华人民共和国成立后 50 年代中期，西方国家对中国实行禁运，中国为铜资源匮乏国家，这对当时的中国家电产业雪上加霜。因中国是一个"富铝"的国家，于是五六十年代提出了"以铝代铜""以塑料代铜"的口号。在电扇、电熨斗等家电的非机芯部位以合金与钢板代替铜料，降低材料成本。在中华人民共和国成立后的 30 年间，电扇、电熨斗等产品由纯金属机身逐渐变成了较为轻便和便宜的合金机身（图 4-4）。

（a）20 世纪 30 年代铸铁座铜扇叶华生电扇　　　　　　（b）"文革"时期铝制华生电扇

铜　————————————➤　铝

图 4-4　电扇材质演变

（c）木壳红星 502 收音机（20 世纪 50 年代）　　　　（d）全塑壳宝石花收音机（20 世纪 70 年代）

木　————————————➤　塑料

---

① 无线电. 1960（1）: 23.

（2）节约用材

在轰轰烈烈的"献礼机""大跃进"运动之后，由于60年代初中国经历了三年自然灾害经济走向低迷，在此后的家电生产中，不再进行提升高端家电产品的制造，更多地发展普及型家电，走薄利多销的路线。家电业出现了很多社办小厂、街道小厂，利用元器件生产了大量杂牌或无牌物美价廉的家电产品，这对当时家电需求量极大的社会状况做出了很大的贡献。在"大炼钢铁"阶段，全国范围节约金属材质，属于民用家电的电扇也被迫减少钢材金属的使用量，出现了极为简单的框架式电扇（图4-5），除减少面罩金属辐条，连金属底座也改由金属框架替代。此阶段不论是何种类家电，都转向简易外观，通用零部件的样式设计。全国范围同类、同级别家电的机壳、开关、旋钮皆可互换，这在当时物资极为匮乏的时期也实属无奈之举。

4.1.3　由公众家电走向居室家电

由于中华人民共和国成立后中国国民经济的基础较为薄弱，家电产品在20世纪五六十年代的家庭普及率并不高，所以使用场所往往近似于公共场所，或者会频繁搬动至公共场所。

图4-5　简式电扇造型设计

　　在 1949–1978 年间，国家政策提出的"一人一张床"仅为"睡眠型"住宅①，住宅的私密性较小，公众交流性较高。一家拥有家电，往往变成"公众"家电（表 4-2）。在造型体量上中国早期家电与国外居室家电有一定差异。

中外家电使用场所对比（1930 年 –1970 年）　　表 4-2

（a）20 世纪 40 年代美国家庭看电视场景

（b）20 世纪 70 年代中国看电视场景

（c）20 世纪 50 年代美国儿童看电视场景

（d）20 世纪 60 年代中国看电视场景

（e）20 世纪 60 年代美国家庭室内家电布局场景

（f）20 世纪 70 年代中国家庭室内家电布局场景

图片来源：（a）（c）（e）pinterest 网；（b）（d）（f）照片中国网

---

① 周燕珉、林婧怡，《我国城市住宅厨房演进历程与未来发展趋势》中对中华人民共和国成立初期计划经济背景下的住宅描述。

从国内外家电中的收音机和电视机
对比可见，由于住房条件的限制和便于
移动性方面的考虑，中国早期家电摒弃
了西方大型豪华的造型，从一开始就选
择了体量较小的造型设计，但体量小也
非不适合远距离便携，只能证明是为了
近距离移动方便而设计。1935 年出的
第一款亚美收音机就直接跳过西方橱柜
式（图 4-6）、桌式收音机阶段，采用
了墓碑式造型设计（图 4-7）。此后，

图 4-6　国外大型
收音机
图片来源：中国收
音机博物馆

图 4-7　亚美收音机
图片来源：中国收
音机博物馆 / 中央
档案馆

中国除了为人民大会堂单独设计的大型特级组合式收音机之外，极少有家用
落地式大型组合机出现。在家电外观设计上，早期的家电都设计为可搬运、
方便移动产品。电扇传入中国底座皆为钟形底座，带钉孔，适用于固定在墙
面上，颈部可折弯改变角度。早期的美国 GE 电扇和最早的意大利 Marelli
电扇都带有底孔设计。老华生电扇最早也采用了这种半固定、两用式钟形底
座设计，中华人民共和国成立以后由于中国家庭实际使用方式的需要，也由
半固定改为便于移动的高台底座，机身材料也由纯铜或铸铁逐渐由更为轻便
的铝壳和塑壳代替（图 4-8），方便从一处移动到另一处，为需要的人送去
丝丝凉意。早期的电视机都在顶端木框上加一提手，方便移动（图 4-9）。
60 年代，电视在中国出现，一直到 80 年代改革开放，普及度都不是很高，
70 年代末期，一台"莺歌"12 寸黑白电视机要 300 元钱，而在有些农村农

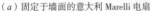

（a）固定于墙面的意大利 Marelli 电扇

（b）高台桌面式老华生电扇（20 世纪 50 年代产）

图 4-8　电扇底座演变

图 4-9　带提手的星火牌电子管黑白电视机 + 收音机（"文革"时期）

图片来源：作者自摄

民的年收入还不到 300 元[1]，有一台黑白电视就会变成"公众的家电"，放置于室外或一间大屋，"往往里外三圈都坐满了人，有的站着，有的自带了板凳坐着"[2]，于是在物资匮乏的 20 世纪六七十年代，每晚搬动电视机便成了必做的功课。这就是早期的中国电扇、电视、收音机等家电并未出现类似于西方的众多固定、半固定大体量造型设计的原因。

① 张丕万. 电视与柳村的日常生活 [D][博士学位论文]. 武汉：武汉大学，2011.
② 胡维青. 黑白电视 [J]. 小品文选刊. 2015（8）：39-40. "……买回了一台黑白电视机，当时轰动了个整个村庄……. 每天晚上早早的就把电视机搬到了当院，这时已经有不少人吃罢晚饭早早带着凳子或站在院中……"。

4.2　工艺技术发展下家电产品外观造型演变

科学技术的更替对家电产品的影响可谓是决定性的，从造型的大小，到使用的方式，到材料的变化甚至家电品种的更迭都有关键性作用。并且我们不能脱离当时周边支持产业的发展状况来单独评价家电产品的设计。

家电产品设计外观不管如何改变、当内核部件发生技术变革时，会带来外观的一系列重大变化，家电的造型会发生巨大改变，又一代具有新功能的家电产品也随之出现。例如，自从 20 世纪初收音机被发明后，收音机的发展经历了矿石收音机、电子管收音机、晶体管收音机、集成电路收音机、大规模集成电路收音机（微芯片收音机）等若干阶段，每一次收音机核心技术的发展变化，都大大促进了收音机的发展，这是一个时期内收音机外部造型发生变化的转折点。[①]

模具和复合型材料、各种性能塑料的出现和注塑机的出现和应用，使得家电外观会出现独特的质感和新颖的触感。金属工艺中的铝材表面处理、喷砂、锈蚀、激光刻印、金属珐琅；塑料工艺中的涂色、镀铬、印色技术等对家电生产有着重要的变革作用（图 4-10），使得人们对家电造型的传统观念被打破。只有在这些技术条件全部具备并可投入量产，才能保证家电产品曲面造型优美、外观轮廓多种多样、细节处理精美，家电产品设计才可以登上历史舞台。假使这些条件都不具备，纵使设计得再美，也是一纸空谈。

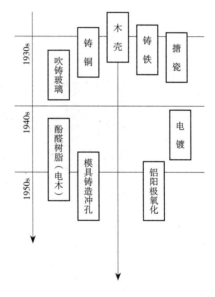

图 4-10　工艺出现时间

4.2.1　材料处理由简单转向复杂

家电产业敏感地感受着来自于上游每一个技术的改变，并紧紧随技术发展，与科学和美学相结合得比较紧密的综合性工业产业。早期家电的制造是以天然材质为主要造型材料，例如木材、无表面处理的铸铁、铸铜、铝等作

---

① 田浩. 民用电子产品的百年演变之收音机，无线电（2013 合订本）[C]. 北京市：人民邮电出版社，2013（08）.

为主要材料，电木（酚醛树脂）、赛璐璐等初级复合材料作为辅材料。随着中华人民共和国成立后搪瓷、电镀、"以铝代铜""以塑料代铜、代铝"技术的发展及中国特色的民间陶瓷烧制工艺的加入，使得我国家电在外功能表面呈现出与西方家电不同的独特面貌。在早期人们对家电产品造型模仿并改造期间，最难以把握的就是对产品用料材质的仿制。即便是两个造型一样的产品，由于不同的材质构成，所形成的触感、事物的质和对人们的审美影响也不一样，甚至能影响到产品的用途。家用电器中优质材质的使用对产品外观设计有着很大的作用，对完善产品形态设计也有着非常大的影响。因为产品材质制造工艺的成熟与否可能会改变整个产品设计的风格走向。

（1）木制材料向复合材质发展

木材加工是早在传统手工艺中就发展成熟的一种技艺，无论材料价格还是加工难易度都成了早期收音机和电视机的外壳制作材料，不过这就决定了早期家电产品的造型更像是件家具、大衣橱或者是个大木箱（图 4-11）。西方国家家电产品最初也是从木制外壳转变至复合材料外壳。20 世纪 30 年代末，欧美出现了电木（酚醛塑料）材料等一系列的复合型材料，模具化机器生产成为可能。加上航空航天技术的发展，使得流线型风格在欧美风靡一

美国 GE 收音机　　美国 RAC 收音机　　美国 RAC 收音机　　满洲标准型三号收音机
（20 世纪 30 年代）　（1938 年）　　　（1938 年）　　　（1937 年）

图 4-11　木制电器外壳

美国 Edward 柜式收音机（1935 年）　　　　philco 电视机（20 世纪 30 年代）

时，从汽车工业到电器工业，到处都能见到线条流畅的流线型设计，这与复合材料的出现和模具的配合是分不开的。

中华人民共和国成立初期在合成材料和技术匮乏的情况下使用了大量实木材料来制作家用电器外功能表面，不仅使用在高档机牡丹1201及熊猫1501上，在街道企业生产或民间自行组装的普通机型收音机上木制外壳使用得更为广泛。中华人民共和国成立初期电木粉尚需进口，因为缺乏复合材料，只能使用丰富易得的天然材质来代替家电产品胶木部分。在电木和塑壳工艺不成熟、材料不足的情况下，不得不使用加工技术较为成熟的夹板贴木皮，然后上漆抛光，有的甚至漆成外观类似电木的外观（图4-12）。

由于电木的缺乏，中国第一台品牌收音机红星501（1952年），除了度盘是中文，扬声器是南京无线电厂生产的之外，其余零部件均来自美国Philco收音机（图4-13），甚至连包装箱也是美国收音机的原箱。民国时期也有厂家利用中华人民共和国成立前剩余的收音机零件生产收音机，但都无标识。中华人民共和国成立后南京无线电厂受"抗美援朝"的战争影响，利用了美国的整机来装配中华人民共和国成立后的第一台收音机，顶着极大的风险，于是取了一个很革命的商标名字"红星"。

继热固性电木（酚醛塑料）之后，欧洲20世纪四五十年代出现了各种各样的热塑性塑料家用电器，可以做到表面鲜艳美丽得能够显现出美感的电

图 4-12　Philips 收音机与国产凯歌收音机（20世纪50年代）对比

（a）红星 501 收音机　　　　（b）美国 Philco 收音机

图 4-13　红星 501 与美国 RAC 收音机造型对比

器用品，并且发出丝一般的光泽，家电设计在外形上显得更加美丽动人，色彩丰富引人注目。欧洲家电在这个时期最大的特点就是流线型设计，塑料材料的大量使用，家电外形优美，例如产品设计师设计的爱默生收音机（图 4-14）。中华人民共和国成立后由于塑料材质和制造工艺的限制，中国家电中流线型设计始终未能大量出现，塑料件远没有达到国外家电的鲜艳美观，只在 20 世纪 60 年代的"文革收音机"外壳、70 年代的电视机操作面板、塑料台灯、塑料电扇等家电产品上大量使用（图 4-15）。

（2）"代铜"金属表面加工

铸铁和铸铜工艺由于其工艺的成熟、最早被应用于灯座、电扇的制

图 4-14　中外塑壳对比

（a）爱默生收音机　　　　　　　　（b）宝石收音机（1964 年）

（a）长城 B52 赛璐璐收音机（"文革"时期）　　（b）636 单管塑料壳半导体收音机（1963 年）

图 4-15　塑壳家电　　（c）塑壳电扇（"文革"时期）　　　　（d）塑壳面板凯歌电视机（20 世纪 70 年代）

造，由于当时电扇相当昂贵，所以美国早期的电扇是由纯铜制造的。在电扇逐渐普及的同时，为降低成本，电扇除转子等关键部位，开始逐渐由较为廉价的铸铁材料代替铜料。早期传入中国的台灯灯座部位也由铸铜或铸铁制造，由于铁器外表容易生锈，家电外表处理就采用了搪瓷或者油漆处理（图4–16）。

铸铜绿玻璃罩台灯
（20世纪30年代）

铸铜玻璃罩台灯
（20世纪30年代）

铸铜玻璃罩台灯
（20世纪30年代）

代铜金属防锈搪瓷工艺的大量使用

早期铸铁灯（20世纪40年代）

早期铜质台灯（20世纪40年代）

铁皮搪瓷灯罩（20世纪50～60年代）

图4-16 搪瓷工艺
在灯具中运用

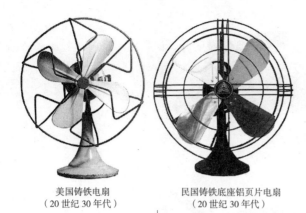

美国铸铁电扇
（20 世纪 30 年代）

民国铸铁底座铝页片电扇
（20 世纪 30 年代）

华生电扇铝合金面板电镀网罩（1973 年）

图 4-17　电扇表面
金属电镀

（3）电镀工艺的发展

华生电扇在早期改进中采用了"以铝代铜"使用铝合金对电扇摇头箱底座，并对铜叶片表面镀镍（图 4-17），增加其美观度。1972 年华生电扇在吴祖慈的设计改良下[①]，对底座加入了铝合金面板、琴键电镀开关，使得整台电扇展现出饱满、闪亮的外观造型。

中国电镀业起源于上海，自 1903 年由英籍犹太人法莱根斯传入中国，在 1949 中华人民共和国成立前受战争和自身工艺限制发展缓慢，中华人民共和国成立后，由于国家大力发展轻工业，自行车、缝纫机等民用工业的发展带动了中国电镀工业的发展，1956 年上海市电镀工业公司成立，标志着"中国电镀业进入了一个快速发展期。"[②]

电镀工艺分为金属（导电体）表面电镀和非导电体表面电镀，西方家电在 20 世纪 40 年代便开始应用的 ABS 塑料工艺，因 ABS 塑料电镀的色固牢度、脆性都要好于电木与聚苯乙烯。中华人民共和国成立后，从建立塑料加工业、自行生产塑料用原料、建立合成树脂工业、助剂及添加剂、生产或引进塑料加工机械、研发模具制造业一步一步走来，相当不容易。1965 年苏州对 ABS 塑料进行电镀实验时[③]，中国甚至不能自行生产 ABS 塑料，只能对电木及其他工程塑料进行非导电体电镀实验[④]。70 年代中国真正开始了塑料电镀的工业生产，中国家电外观也开始出现了更具时代性的硬边风格和科技风格。带有科技感的硬边风格设计也在中国的收音机上出现了，更加丰富了家电的外观装饰。电镀工艺镀镍、镀铬应用于家电品种，电扇由原先的铸铁变成了金属条

① 沈榆，王震. 华生牌电扇的设计追溯与研究 [J]. 装饰，2014（05）：58.
② 陈永福，贾长兴，何长林，王纪民. 上海电镀发展史 [J]. 表面技术杂志，2012（121）：83.
③ 殷乃德. 中国塑料等非金属电镀发展过程的回顾 [J]. 电镀与精饰，1988（6）：33.
④ 殷乃德. 我国塑料等非金属电镀发展过程的回顾 [J]. 电镀与精饰，1988（06）：33-35.

解放初期上海产全铜木柄吹风机（20世纪50年代）　解放初期全铜刻双龙电熨斗（20世纪年代）

万里牌电吹风（20世纪70年代）　上海产白钢电镀电熨斗（20世纪70年代）

图 4-18　家电表面
电镀工艺

镀铬网罩，电熨斗外表电镀后光亮如镜面，家电外观从此"闪亮"了起来[①]
（图 4-18）。

4.2.2　由半手工制造转向工业化生产

中国家电产业起步时，西方国家已经经历了工业革命，机械生产已经达到了一个较高的程度。苏联以及欧美国家在家电外功能表面的制造生产流程方面已经形成较成熟的标准和体系。中华人民共和国成立后在家用电器生产的初步阶段，历经了因苏联工业模式的植入、技术支援而统一选取苏联式标准、生产家用电器阶段、模仿、照搬照抄欧美家用电器外功能表面形态设计阶段。

中国的家电制造是与中国的机器化生产同步进行的，在缺失制造工艺和缺失制造机械的情况下艰难发展起来的，一边制造家电产品一边制造生产加工机械。

（1）中华人民共和国成立初期生产机械缺乏

中华人民共和国成立前夕，中国连第一次工业革命都尚未完成，工业化机械化率极低，作为"工业之母"的模具和机床缺乏，生产技术基本上

---

① 杜立辉，余元冠. 战后日本钢铁工业的发展特点及启示 [J]. 经济纵横，2007（10）：
77–79.

是以榔头、锉刀、凿子为工具的"钳工当家"，缺乏模具的结果就是无法大量"复刻"标准统一、质量稳定的工业化产品，加上生产基础和技术力量非常薄弱，初期工业产品基本靠手工完成（图4-19）。

图 4-19　20 世纪 60 年代电视机外壳制作

　　拿中国第一辆红旗轿车的产生经过来讲，当时没有图纸，也缺乏模具，采用了"发动群众"似的生产献礼车，本来要一个月才能做出来的模型，四天就做出来了。一切都没有按照制造一辆汽车本该有的设计和运作过程，厂子将样车的零件全部拆碎，把零件摆在桌子上，叫工人来看，跟赶集模式一样，钳工、车工、钣金工，谁觉得自己可以做就拿走，很多零件就是依样画葫芦一样被仿制出来。甚至左边的门和右边的门都不一样大小。中华人民共和国成立初期工业产品往往是靠手工一锤子、一锤子敲出来的，弧度、线性就是工人比着做。至于产品的零件，由于包括了诸多特殊工艺，有时候 100 件只有三件可以成功，废品率 97%，这样生产出来的产品，根本不可能具备效益。[①]

　　家电产业也是如此，在中国家电发展初期，由于家电零部件有些需要进口，于是在其他外壳和表盘制造方面就一模一样地模仿别国家电，属于模仿性制造。在后期家电生产整体自产的情况下依旧选择了模仿苏联和德国著名品牌的产品外观，这是因为当时研发产品的技术力量并不完备，家电产品上下游产业缺乏支持。研发人员往往先购置一台别国家电，分解之后按照部件分发至各生产部门，分头研究测量制造，以制出完整的生产图纸，稍作改进后即投入生产，即使有些零部件因材料缺乏无法生产，也会找相似材料加以模仿。牡丹牌收音机的生产厂家最初组建的时候，是由小型私营企业合并而成，其中就包括钳工、木工、油漆工等传统工艺品型企业。北京市东方红无线电厂则由北京玉器二厂、雕漆厂、收音机车间和北京市特艺公司、烧瓷厂等合并。由于中华人民共和国成立初期家电产业的生产技术支持远未达到电器工业发展成熟的阶段，为实现材料国内配套，各个企业共同做出了很大的努力。

---

① 无法量产的工业产品会因为人工制造工期不确定，质量不稳定最终无法具备市场竞争力。

（2）家电制造工艺的发展

20 世纪 50 年代初期，行业生产的仿苏产品，工艺如金属件冲压、胶木压制、绝缘处理、表面防护等基本上也是参照苏联技术资料进行生产的。随着新材料的采用和装备的更新，制造工艺也随之发展起来。

1）模具的发展

20 世纪 50 年代初期，工厂制作模具主要依靠钳工技艺，辅以一般的简单机床，制作一些无导向系统的单工序冲模、弯曲模和拉伸模。50 年代后期，开始参考苏联资料设计制造复式冲模，几个工位冲模和少量机外脱模的热固性塑料压模。六七十年代，在低压电器行业中模具的电加工工艺开始普及并与成形磨削铣削工艺逐渐配套，开展了模具钳工机械化，有的还建立了模具标准件专用生产线，使复式冲模进一步完善，还研制出高效促进模、高寿命硬质合金冲裁模，塑料模发展到热塑性注射模。[①]

2）冲压件的制作

在 20 世纪 50 年代，行业普遍采用足踏双柱曲轴冲床冲制，每分钟冲制不到 60 次，冲件压制后，还得经去毛刺和修整，工效低，并且很不安全。随着高速压床的采用，冲模质量的提高，使冲件的质量与冲压效率明显提高。

3）塑料件制作

行业在早期普遍使用成型机或手扳压力机压制塑料件。称粉、装料、压制、脱模、出零件、清理模具等全部过程基本靠手工完成[②]。后来发展了注塑成型工艺，采用了注塑成型机，使生产效率和塑料件的质量得到提高，也减轻了劳动强度。

4）绝缘材料

在家电中有一部分材料是需要用绝缘材料制成的。对于这些零件，不仅要求具有电气绝缘性能和一定的机械强度，而且要求在湿度、温度、电弧、电场和机械力的因素下保持稳定性。早期的中国，电器内用绝缘纸、棉布、云木制品、石棉水泥和大理石等传统绝缘材料制成零件，这些零件性能不高、笨重且不美观。随着产品的更新和发展，这些传统的绝缘材料陆续被淘汰，代之以酚醛塑料、聚酯塑料、陶瓷、聚乙烯、ABS、聚碳酸酯等。这些使用新绝缘材料的零件具有绝缘好、比重轻、耐磨损和生产方便的特点，得到了大力推广。

---

① 年建新，李发根. 模具工业发展趋势综述 [J]. CAD/CAM 信息制造现代化，2003（11）：3.

② 倪亚辉，丁义超. 常用塑料模具钢的发展现状及应用 [J]. 塑料工业，2008（09）：5.

　　5）金属材料

　　电器除了碳素钢结构材料以及导电、导磁传统金属材料之外，还有发热的特殊功能的合金材料。这些材料随着技术的提高而基本成熟，其中有几类材料变化很大。如电阻的电阻片，早期使用的是铸铁合金，这种材料阻值小、易断、笨重，后来研制出温度系数小、稳定性好、机械强度高的铁铬铝合金材质，20 世纪 60 年代又相继研制出高灵敏型、高温型以及耐磨蚀型双金属材料。到了 70 年代后期，中国家电基本实现了工业化生产流程。

4.2.3　构造由简单转向集约化

　　（1）元器件集约化

　　家电中技术含量最高的收音机和电视是中华人民共和国成立 30 年后外观大小、构造变化最大的。其形体大小的变化基本是按照内部元器件的大小来变化，而外部形态则根据加工成本、加工工艺变化、功能增加而改变。改革开放前中国受限于材料与工艺，并没有像国外家用电器多样化的外功能表面风格，历经诸如维多利亚风格、现代主义流线型风格以及其他各种古典主义风格。[①]中国家用电器基本处于功能外形阶段，外观形态模仿或追随国外产品，以解决技术难题和解决功能为主，外观趋于朴实简单。随着电子管、晶体管以及集成电路三阶段技术变化，原先粗大的真空管电子管零件微缩至一片小小的集成电路之上，家电产品的机壳也随之经历了显著的变化（图 4-20）。

图 4-20　电子管收音机结构

（a）矿石机外接喇叭　　　　　（b）电子管柜式收音机　　　　　（c）电子管组

（d）两管机线路

---

①　陈春琴. 国内外家电品牌发展之比较 [J]. 商场现代化，2009（03）：15.

（2）家电产品轻便化

由于电子管耗电大，本身体积较大，变压器也很大，所以整体机器也非常笨重。机器整体形态一般呈方方正正的木盒形，基本以仿制日本以及苏联的家用电器形态设计为主。从机壳材料看，早期材料为木壳，后出现了胶木壳材料[①]，塑料加木壳以及全塑料壳。外功能表面集中在主视面，而另外五面基本没有装饰。这不仅因为当时中国不成熟的压制吹塑工艺，低下的社会生产力，还取决于当时较低的国民经济水平，不够充足的社会购买能力，尽管有少数制造商生产出了质量较好的多功能家用电器，但也只是作为国庆献礼或是作为国礼赠送给外宾。所以除了"国礼"机以及"献礼"机以外，其他所有家电产品制造转向"满足群众需求"的"物美价廉"产品为主。

中华人民共和国成立前，从欧美进口和从欧美进口材料组装的电子管收音机体型庞大，呈现出家具组合柜式外形，中国工厂自制了木制外壳，没有明显的操控钮和面板，整个机器外观就像一件木制家具一样。可以区分家具特征的只是几个小旋钮，此时家用电器的人机界面较为模糊或者还未完全形成。后制造的大型组合式柜机，大小如酒柜般，融合了唱机、收录两用机。外观采用翻盖板材，防止落灰，全部关闭后是一个半封闭柜式机。20世纪60年代后，中国电娱类家电产品经历了"奢侈品"时期，在技术成熟后，伴随着成本的下降，逐步退出家庭最重要电器的位置，收音机体积变得越来越小（图4-21），造型也越来越简单，逐步成为微型的青少年的消费品。

中华人民共和国成立初期家用电器去除了繁琐分散的设计，以富有现代工业美感的直线和平面构成。限于加工工艺，在造型上，也更多地使用直角和方角的造型，将大圆角改为小倒角甚至直角，减少弧面和曲线，以直线型代替；同时多采用封闭式的造型，减少外露件，外观整齐内敛。

20世纪50年代中期后，收音机的原件逐渐开始国产化，因为收音机的外壳是专门的电器木壳机箱厂制作，所以各家收音机机箱和底板具有相似性和通用性，变化的只有正面面板的区域块划分，可分为上下式功能区域划分，左右式功能区域划分和左中右功能区划分。国家为了提高生产力、降低成本，将收音机、电视机的机壳去掉了弧线，改为全直线型划分功能区，横条式波段显示条，简洁化旋钮，就连原先花式猫眼也改为了直角或者直角梯形。70年代电视机的功能面板区域由上下划分变为左右划分，由简单的旋

---

① 胶和木粉的混合物，压制成型。

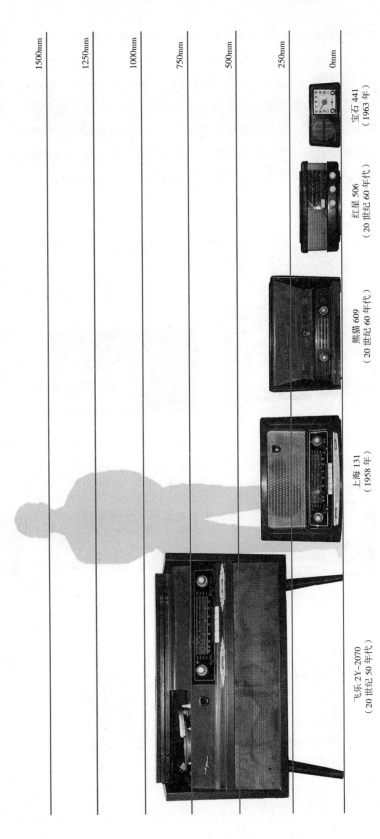

1500mm

1250mm

1000mm

750mm

500mm

250mm

0mm

宝石 441
（1963 年）

红星 506
（20 世纪 60 年代）

熊猫 609
（20 世纪 60 年代）

上海 131
（1958 年）

飞乐 2Y-2070
（20 世纪 50 年代）

图 4-21　收音机体积演变

钮变为刻度旋钮板。不仅有了专门的喇叭栅格区，越来越多调频、调声音，乃至调显示数据的旋钮出现在功能区面板上。

　　"文化大革命"期间，上山下乡运动和语录宣传的需要推动了小型袖珍机和"语录机"的发展，因为多是语言类的节目，对收听效果要求不高，于是极大地促进了小型晶体管机型的生产，口袋袖珍机的出现，极大简化了收音机里面的设计，面板划分仅剩下小窗口式调频区。其余能省略的装饰已全部简化，原来的旋钮调音区也改至侧面旋轮（图4-22）。

组合柜式	块面分割式	袖珍机
 （a）飞乐收唱录音机（20世纪50年代）	 （b）南京1501收唱录音机（1958年）	 （c）上海531收唱录音机（20世纪50年代）
 （d）美多收音机（20世纪60年代）	 （e）工农兵收音机（"文革"时期）	 （f）海燕收音机（70年代）
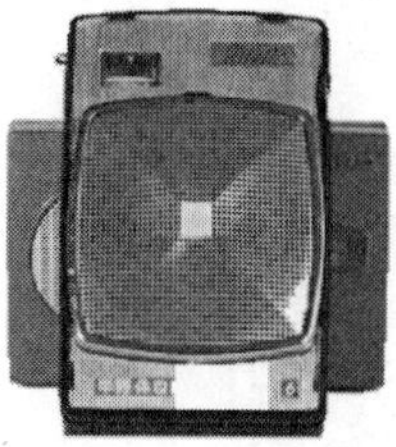 （g）凯歌收音机（1964年）	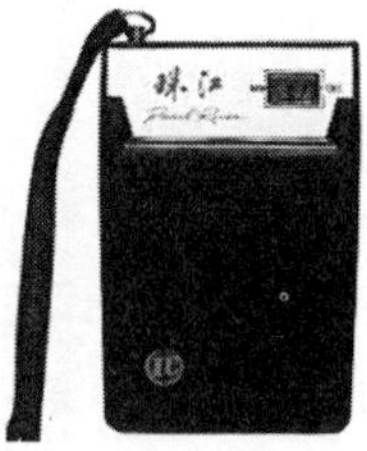 （h）珠江袖珍机（"文革"时期）	 （i）品牌不祥文革机（"文革"时期）

图4-22　收音机结构性演变轨迹

4.2.4　功能界面由粗放转向精密

家电功能界面主要表现在以下几个方面：

1. 功能操作能指：家用电器造型构成中的各个组成部分，包含有机形和无机形。

2. 操作状态指示：家电产品的外观色彩以及多色彩之间的对比协调。

3. 人机界面：家电产品操作部分的界面的图标、文字的设计。

（1）功能操作能指示：根据家用电器的整体造型、材料、局部结构、零部件的关系、功能区域的分区、人机界面的位置、色彩、图案等可以用于识别家电。如用户通过通用无线电矩形外轮廓、产品标识、扩音装置等，用户即可辨认出此电器为收音机，及可以联想到此产品可以用来听广播节目，可知道该产品的放置方式。

早期的功能评判相当粗放，当时民众还未关注重低音和声线等方面，评判一台收音机的好坏是：使用者第一次接触机器，例如收音机，第一个判定质量好坏是可以收多少个台，如果可以收到很多台诸如外省台甚至是"敌台"那毫无疑问的这是一台品质卓著的机子。其次是声音，如果声音极大，三四十平方米的房子可以听得清清楚楚那就是一台可以引来左邻右舍羡慕的好家电。

在界面与品牌选择上，人们不是追求"华而不实"的时髦，而是带着地域理念区分这是一台哪里产的机器，这和当时六七十年代都想要挎一只写有"上海"字样的人造革包是同样的风气，如果这是一部来自于北京、上海等家电主产区的国营大厂出品的产品，那无疑是使用者最大的炫耀资本。当时民众对家电结构部件并不甚了解，只懂得料足材质沉重就代表质量可靠，起源于早先电子管收音机的结构，特级机和一级机和二级机是通过电子管来定性的，早期的收音机是管子越多、功率越大、性能越好，但也越沉重。久而久之民众认为家电越重说明用料越好，这一判定标准使得早期进口我国的日本原装进口的塑料壳电视机中有一个和功能完全没有关系的一个部件——压铁，为的就是增加电视机的重量，这也是日本设计师针对中国国人的心理使用功能性语义设计的一项"创举"。

（2）操作状态指示：每个产品在运行时内部状态是复杂多样的，而产品工作的多种状态，是不被用户直观发觉的。然后，好的产品往往会设计出各种操作的反馈信息，提供给客户使其了解到自己操作的正误，产品是否已经按照命令运转，例如灯光、声音等。例如放电视机打开，电视机屏幕会亮起，画面上会出现雪花（后期是蓝屏），也可能出现一个电子圆和电子圆图案，它类似于今天的屏幕保护图案，主要是为了告诉用户，只是暂时没有节目并不是电视接收出了问题。当时这个电子圆的图形的几何失真检查、聚焦检查、动会聚检查、通道阶跃响应检查、色纯度检查给一代人留下了难以磨灭的印象。

（3）人机界面：针对产品操作做出的明确标识或者具有了某种特质，可以被使用者简单直接地使用，称之为指示性语义，在长期过程中一些符号的特定含义和因人的使用习惯而积累起来的一些约定俗成的规则也通过一些特定的符号或者图形进行指示。这些规则是被广泛接受的，变化极小，甚至可以跨越不同地域不同文化的差异，而依旧被广泛接受。

指示性语义表现在操作装置上特指通过一些约定俗成的图形和符号，或者一些用于操作的装置部件，使产品的使用方法不言而喻，例如装在收音机上的按键和旋钮，只要拨动转轮即可看见指针在指示窗内移动，同时声音的清晰与嘈杂会提示人们停止拨动还是继续选台，猫眼的光闪也在提示着信号源的稳定与否。

早期中国家电产品仅有极为简单的拨钮开关和档位进行操作，"赶超英美"时期仿制的高级收音机除了旋钮还有"钢琴键"按钮，提示使用者可以通过按键形式快速选台，"钢琴键"按钮做成手指按压的负形提示人们可以按下，而侧面为锯齿状的旋钮提示人们旋转。随着家电技术的发展和功能的演化，简单粗放的操作界面已然不能满足使用者调节需求，在 20 世纪 70 年代末期，代表着功能主义的高科技风格，适于精细微调的界面应运而生（图 4-23）。

4.3 社会体制下家电产品造型演变

家电产业受到不同技术的制约，不同经济体制下对家电发展要求不同，并且由于生产体制不同，往往家电设计代表着生产者的设计理念，他通过家电生产要达到的目的，不同经济条件下人们的家装风格与生活空间、设计审美的变迁、社会思潮与消费者消费理念有关，这四个方面的因素主导了中国家电产品造型的发展演变。

4.3.1 消费水平局限下家电造型简化

对比欧美家电发展的黄金时期，20 世纪 20 年代，是欧美经济繁荣的好年头，建立在汽车工业上的商业和制造业呈现一派欣欣向荣的景象。弗兰克·康拉德博士 1920 年首次推出定时广播后，出现了无线电产业的突然繁荣[1]，在 10 年间，收音机一年的销售额就超过了 7.5 亿美元。尽管经历了第

---

① [美] 弗雷德里克·刘易斯·艾伦. 大繁荣时代 [M]. 北京：新世界出版社. 2009：179.

拨动开关

（a）瓷座电扇开关（20 世纪 60 年代）

（b）铜制台灯开关（20 世纪 50 年代）

档位调节按钮

（c）电扇调节挡位（20 世纪 60 年代）

（d）老华生电扇（20 世纪 50 年代）

琴键式调节按钮

（e）牡丹收音机（20 世纪 50 年代）

（f）江风电扇（20 世纪 70 年代）

旋钮式调节按钮

图 4-23　家电操作界面

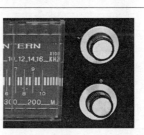
（g）红灯收音机调频窗（20 世纪 70 年代）

（h）美多三波段收音机（20 世纪 70～80 年代）

二次世界大战，但以战争资源的生产方美国为例，1945 年的总产值比 1939 年要高出 2/3。美国工业在这 5 年的时间里所实现的产量增长，是整个经济史上最非凡的增长。在人民的收入获得普遍的增长后，他们会投入"奢侈的花销"。时髦的家电产品也不再只是富人的专享，家用电器的供应商在机器的外观造型上花费了很大的力气，使其呈现出典雅、华贵、庄严、大方的外观，以登大雅之堂。

而 1949 年之后的中国，虽然有 20 世纪 50 年代后期到 60 年代初的"科学技术大跃进""电视大会战""国庆献礼"工程等国家因素推动，各大家电制造厂也出品了一批外观豪华、技术达到世界水平的家电产品（图 4-24），但由于技术生产力不发达，家电产品的成本惊人。60 年代初经历了"大跃进"失败、三年自然灾害之后，家电生产最突出的矛盾是价格与国民收入的不对等，从上海地方志资料中显示[①]（图4-24），60年代上海工人月平均收入63元时，台扇就需花去整整两个月的收入，而买一台黑白电视就需花去整整半年的收入，无法在普通老百姓的生活中普及。由此，国家主导国营制造商家电生产向低端普及型产品倾斜，试图在保证基本性能的基础上，简化外观造型，由直线、平面为主，减少奢华的装饰和华丽的造型，降低成本，提高生产率。在所有的家电产品设计上，经过了"大跃进"赶超英美的奢华后，中国家电产品进入实用、简约、廉价的设计潮流时期（图4-25）。

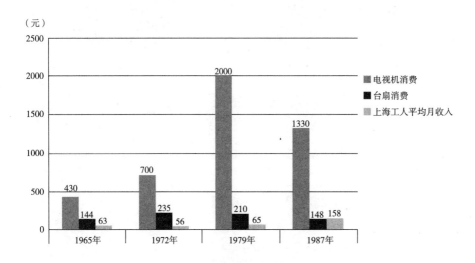

上海主要时兴家电价格变迁统计

年份	主要时兴家电	价格（元）
1965	华生台扇	144
1965	北京牌14寸电子管黑白电视	430
1972	华生台扇	235
1972	金星牌16寸晶体管黑白电视机	700
1979	华生台扇	210
1979	上海牌19寸晶体管彩色电视机	2000
1987	华生台扇	148
1987	金星牌18寸晶体管彩色电视机	1330

图4-24　居民收入消费比

图片来源：根据上海地方志办公室《上海地方志资料》绘制

---

① 上海地方志区县志. 崇明县志卷二十一. 商品销售供应.

上海 131（双龙戏珠）电子管收音机

弧形机壳边缘处理、仿象牙雕装饰
条、复杂型面板

上海 144 电子管收音机

直角型机壳、直线框型猫眼、简单
紧凑型面板

熊猫 B802

大面积冲孔铝网、铝镁合金染色剥漆度
盘、冷极装饰铭牌

熊猫 B302

全塑浮雕壳，无金属加工工艺、三管机、
小窗式调频区

图 4-25　家电产品
风格简化

20 世纪 60 年代初精美风格 ◀━━━━━━━━━▶ 20 世纪 60 年代后普及风格

4.3.2　计划经济下家电造型趋同

（1）联合设计导致造型趋同

"大联合设计"也称"大会战"[①] 在中国电器工业发展起来时，曾以中心城市为依托，以骨干企业为核心，以名牌产品为龙头的经济联合体有数十个，形成了几十个大中型骨干企业，成为电器工业发展的核心和支柱。它是计划型经济体制下重要的生产方式。

计划经济是中华人民共和国成立后为追求经济稳定的一种指令性经济手段，其最大的特点就是由国家统一分配物资、管控生产与销售。它对家电生产产能有一定的促进作用，但其限制了家电产品的风格演变。改革开放前的计划经济并非市场经济般生产者直接面对消费者，工厂只管按国家计划生产，商业部门对工厂实行统购包销，产品滞销积压甚至削价处理，都由商业部门包揽，不直接影响工厂收益。家电公司断开了消费者和生产厂家的联系，而产生工业产品设计动力的市场危机感在商业部门统购包销的保护下便消失了，产品之间的无竞争性使各生产企业更多地将生产关注点集中在提高

---

① 这是 20 世纪 70 年代以后逐步发展起来的一种联合设计研发方式，当时称之为"会战"。1970 年彩电会战，1973 年开始的卫星通信地面站的会战，1977 年大规模的集成电路和电子计算机的会战都属于此设计模式。

质量和扩大产量上，在造型上改动较少。

改革开放前计划经济体制下中国工业产品生产有一个特殊时期，即"联合设计"时期，当时家电生产需要考虑两大因素：极大的家电需求量和较低的购买力。为节省资本，在当时国家操控的计划性经济体制下为尽可能节省成本，几家小型的工厂联合设计开发一款产品，技术资料公开图纸共享；举办全国工业产品评比赛，几个同类优秀产品会得到表彰并引来全国各地工厂的纷纷效仿。而工业美术师们正是技术、知识的传播者，这种生产的设计行为更类似于中国传统的工艺美术时代的技术传承（师带徒）而非西方的含有技术知识产权的工业设计活动。在当时生产力严重不足的情况下，中国的这种"举国设计"运动使当时的电子家电生产得以暂时打破各企业之间的技术壁垒，全国性地铺开大生产，短期内生产出大量的工业产品。但由于图纸技术的共享，全国各大厂家生产出的产品相似性惊人，仿佛不是不同工厂生产的产品，更像是同一家工厂不同车间生产出来的产品（表4-3）。

不同品牌家电造型对比　　　　　　　表4-3

	名称	图片	特征描述
1	青岛二厂红灯收音机（20世纪70年代）		上下两段式、单猫眼、不对称均衡式旋钮、四点支撑脚
2	上海海燕收音机（20世纪70年代）		上下两段式、无猫眼、不对称均衡式旋钮、四点支撑脚
3	北京红叶牌收音机（20世纪70年代）		上下两段式、单猫眼、不对称均衡式旋钮、四点支撑脚

联合设计主要有以下几种模式 [①]：

1）打破条块分割，以扩大名牌产品生产为目标的部属企业与地方企业的联合体。如以部属企业南京有线电厂为主体，带动地方小家电企业的发展。例如南京无线电厂将技术资料、工装模具、样机散机转让给常州无线电厂，常州无线电厂在短期内迅速成长起来。

2）打破行业界限，以科研与生产结合为目标的生产企业与科研单位、大专院校建立联合体。如中国南京无线电公司与南京工学院建立的科研生产联合体、部属江南无线电器材厂与部属无锡微电子研究中心联合组建的无锡微电子科研生产联合公司。

3）打破所有制界限，以产品专业化分工协作为目标的全民企业与集体企业的联合体，如苏州的苏州净化设备公司、孔雀电子集团、无锡的梅花电子公司（生产录音机）等。

4）打破地区界限，利用技术资金、资源、窗口为目标的跨省市跨地区的联合体。

5）打破部门所有、地区分割两个界限，实行全行业的联合。如江苏省电子信息产业集团、江苏省电子玩具联合公司，它们跨系统、跨部门、跨地区，把电子、轻工、水电、国防等部门所属的电子科研生产力量组织在一起，形成了具有集群效应的综合优势。

6）企业之间不再是销售竞争关系，而是同系统之间相互联合。如以电子工业部（现信息产业部）的第四研究所为首，组织了一个全国联合设计组织做晶体管。从全国各地抽调精英骨干集中研发某项产品，中共北京市委于决定组织半导体收音机大会战。要求在 1964 年国庆节试制出八管半导体收音机。同时，试制出配套的新型小型元件。这次会战，使北京地区初步形成了电子工业小型化的较为完整的体系，奠定了半导体收音机快速发展的基础。生产半导体收音机的工厂发展到 8 家之多。

大联合设计属于举国体制下的一种发展模式，将全国的家电生产商资源整合，并用大厂转让图纸、技术、生产线的方式进行扶持，这是中国在当时工业基础薄弱的情况下迅速提高产能的一种举措，这种方式带来的最直接的后果就是全国各地的家电产品造型外观的趋同性，由于全国各生产商并不是通过商业竞争的模式，而是使用了产能、质量竞争模式，这就造成了全国家电产品的创新性降低。与国际的家电产品更新换代速度相比大为放缓。

---

① 于致田. 中国电子工业地区概览 江苏卷 [M]. 北京：电子工业出版社. 1987：104.

（2）"卫星厂"模式

1956 年 2 月，国务院颁布了《关于目前私营工商业和手工业的社会主义改造中若干事项的决定》启动了公私合营改革[①]。上海电讯器材工业在全行业进行公私合营后，为了适应所有制变革后的新形势，把大批原来规模很小的企业合理组织起来，改变以往产品重复、布局混乱、技术落后、管理分散的状况，采用中心厂带领卫星厂的形式，由中心厂接受公司的委托，在供销、财务、技术、劳动工资等各个方面对小厂进行管理。被委托管理的卫星厂经营上独立、自负盈亏，在保持各厂经营特点和维持原有协作关系条件下，通过适当平衡后，相互之间调剂生产任务，劳动力和设备也可以在中心厂和卫星厂范围内相互协商，互通有无。上海市电讯电器工业公司将生产规模比较大、生产经营活动正常、产品具有特色的 123 个企业确定为中心厂，代管 412 个卫星厂[②]。据当年北京电视机厂车间主任毕玉浩口述："北京电视机厂为了扩大产量搞联合，搞了很多分厂，都是一天能生产 500 台的生产线，这时北京无线电厂就开始搞集团公司了，都挂牡丹集团的牌子，在外面征集厂家。我们的分厂在浙江余姚、江苏镇江、山东蓬莱，后期还有广东东莞，搞了四五个分厂。我都去了，都由我带队去搞的，这些分厂的生产线、设备都由电视机厂的一套班子搞的。这样一来，牡丹的产量就大了。[③]"这样的生产方式在短期内确实实现了生产力的提高和紧俏资源的充分利用，但也带来一个问题，就是家电产品外观的高度相似性，并且由于取消了企业间的竞争行为，产品的技术革新和外观设计只有通过政府下达生产任务来完成，而非通过市场需求来完成，在企业效益和优胜劣汰方面就失去了促进动力，并且因为没有统一的产品质量检测，使得同样品牌的产品质量却良莠不齐，特别是在后期，极大地毁坏了中心厂的名誉，也造成了全国各地极为类似的家电产品外观的现象。

（3）供应配给造成购买从众性

由于计划经济实行的是产品统一分配原材料、统一销售模式，使得人们选择面较小，改革开放前购物需要产品供应券更是制定到品牌（图 4-26），在家电产品本来就不多的选择面之下更没有多少的选择余地。中华人民共和国成立后 30 年家电产品广告宣传方式尚未普及，家电消费者便对家电的选

① 芮敏行. 中国电子工业地区概览 上海卷 [M]. 北京：电子工业出版社. 1987：128.
② 芮敏行. 中国电子工业地区概览 上海卷 [M]. 北京：电子工业出版社. 1987：129.
③ 三转一响带喀嚓的回忆. 2013（十三）http://blog.sina.com.cn/s/blog_4aba1d6f0101d7om.html

图 4-26　家电供应券

择产生从众性。家电购买者对家电的购买意向往往不是从技术上分析可买性，而是通过家电的口碑和由国家举行的家电评比会上了解购买力，所以别的厂家使用满意的家电品牌就会成为众人的追捧产品，有时候一家使用得好，另一家就跟着买。改革开放前的中国不是消费社会，家用电器属于奢侈品，人们一般会开出预算购买，以实用家电为主，不会在华而不实的昂贵电器上消费过多。

4.3.3　"宣传阵地"转向婚俗用品

中华人民共和国成立初期，全中国的文盲率到达 80%，对于不识字的老幼妇孺，要进行宣传，无疑只能借助收音机、广播等家电产品。极其复杂的家电产品的操作方式会使广大民众难以接受，所以中国收音机、电视、电扇等家电产品的设计对比同时期的国外产品，除了外观造型极为相似之外，在操作键和旋钮数量方面已大大减少。

中华人民共和国成立后的无产阶级思想使人们对来自于资本主义社会浮华的、闪耀的、浪漫的、昂贵的和繁琐复杂的产品并无好感，而对平和的、朴素的、简单的、线条明朗的和非"英美风格"的家用电器抱有好感，所以 20 世纪六七十年代的家电产品多数模仿德国包豪斯和北欧功能主义风格的家电造型，并加以简化。质量过硬是当时人们对家用电器的共同的认同心理。在 70 年代出现的家电产品的广告，也多是将家电置于公众场合连续工作比较质量。所以人们的心理并不热衷于新颖奇异的家电产品，而是更加注重材料的扎实、技术的可靠。简约单纯的形态，人的视觉最容易接受，最易识别和记忆，给人的印象最深刻。

进入 20 世纪 70 年代，随着国民经济的逐渐好转，嫁妆作为中国的传统习俗又开始兴起，而家电作为当时极为昂贵的特殊商品对于物资匮乏时期的中国成为了独具特色的一种"婚嫁用品"，这是中国家电产品由富贾商家享受生活用品向普通民众日常用品转变的一种独特方式。这种购买力和消费能力超出西方经济学预测消费人群，不同于同一时期美国已经出现的分期

（a）50年代农村收听收音机　　　　　　　　　　　（b）70年代上海居民使用收视一体机

图4-27　20世纪50年代和70年代收音机

付款模式，中国在传统文化影响下唯一令人接受的"举债提前消费"模式除了盖房子就是结婚，部分家用电器仍然被认为是身份的象征。家用电器往往被看作是高档货、奢侈品，是女孩子出嫁的必备嫁妆。当家用电器成为"婚嫁用品"后，70年代收音机首先成为了结婚四大件"三转一响"中的一项，得到了全国性的普及（图4-27），70年代至80年代又以同样的方式普及了黑白电视及彩色电视机。由于当时家用电器产量低下，结婚时四处寻求家电"供应票"成为中国家电产品销售的独特一幕。

　　除了实用功能外，作为婚俗用品的嫁妆开始追求美观和时髦，要求为家电种类也日渐变多，市场需求量开始变大。巨大的需求也反过来刺激着产品设计，导致家电设计风格开始变多，而家电生产设计又引领着流行的方向，诱导着消费，二者互相影响，共同发展。

4.4　小结

　　本章将家电产品放置于时代的背景下，分析造型的演变特征及演变路径。详细分析中国家电产品造型的发展历程，不同于西方国家商品经济背景下的家电产品为促进销售而设计，追求"新奇华美"的外观造型的发展模式。中国家电产品在中国特定的历史时期、计划型经济体制之下，设计之初衷即是解决"有无问题""计划供应"，普及型生产，走的是以家电工业生产带动周边工艺技术的产生与成熟之路。通过中国家电工业发展的艰辛历程阐述了中国家电产业所克服的种种困难，以及肯定了生产者在艰苦创业中所付出极大努力与探索精神。

第 5 章

1949–1979 年家电造型式样
成因及特征

中西造物意识融合
时代审美因素影响
不同生产商造物思想对比
小结

本章结合中华人民共和国成立前组装国外家电产品并模仿国外家电产品制造的历史背景、结合材料与工艺的发展、结合经济因素、结合时代背景、在比较国内外产品基础上，对中华人民共和国成立后中国家电产品造型设计要素进行解析。根据家电产品种类、数量和普及度进行选取，侧重这30年间产量最大的家电产品收音机、电灯、电扇这三种家电产品造型进行研究分析。

5.1   中西造物意识融合

产品造型即一件产品外部所体现出的一种形态特征，它蕴含着科学技术、生产工艺、原材料加工、周边产业支持、本土文化、使用者爱好等一系列影响因素并具有时代性，受文化思潮和政治因素影响。家电产品由西方传入中国，到最后中国本土造型之产生，糅合了极多的因素，必须回溯与家电产品有相关功能、造型美学的其他器物进行研究与分析。

5.1.1   记忆性"洋货"造型借用

家电产品的造型设计，展现的是事物外部的轮廓和形态。新产品的产生，造型可以借用具有相似功能或相关功能产品的造型。这种设计方式也适用于家电设计中，因为其功能相似会出现因势利导的造型元素的延续和进化，从而产生一种造型的传承和延伸。常见于家电技术发展较为完善的西方国家。

由于中国的家电产业属于植入型发展，造型设计多由仿造西方国家家电产品得来，为了更好地了解中国家电造型形态的成因，必须上溯国外家电产品造型来源，比对其造型元素与产品功能之间的关系。例如中国家电中常见的蘑菇罩式的台灯造型来源是延伸自中国最早的由西方传来的煤油灯（洋油灯）造型（图5-1）。在顶端的孔状柱原是留于煤油燃烧筒烟道使用，收

图 5-1 西方煤油灯造型与台灯造型对比

（a）20世纪30年代荷兰蘑菇形油灯吊灯　　（b）20世纪50年代英国全铜老煤油灯　　（c）20世纪70年代中国琉璃罩台灯　　（d）20世纪70年代中国外贸景泰蓝台灯

（a）18 世纪盘式八音盒

（b）"文革"时期带毛主席语录的
中华 206 电唱机

图 5-2　盘式八音盒与电唱机对比

腰式设计可使灯罩挂于煤油灯内罩之上，在煤油灯变为使用电力的电灯之后，顶端烟道孔便失去其原有设计意义，但因为功能延续带动了造型语言的延续[1]，故而其下方原装燃料的腹仓设计也被改进并延续下来，变成具有活跃整体造型的小圆球或裙式底座设计。

18 世纪，欧洲发展到鼎盛时期的自动演奏乐曲的八音盒与钟表业分道扬镳，成为在留声机、收音机发明之前的唯一记录并播放音乐的器物。盘式八音盒即八音盒中的佼佼者，它以方形木盒、圆盘可换式金属碟为基础造型，方便携带并同时设计出了唱碟的雏形。在技术发展经历了盘式八音盒、手摇式留声机最终出现了碟式电唱机后，电唱机的外观造型便沿用了最初盘式八音盒设计（图 5-2），方形盒装、梳齿则演变为磁头。

在家电产品中，由于其功能延续而继承的造型十分普遍，对于工业产品来说，这不仅仅是造型语言的承袭，也是造型风格中西演变轨迹的一种体现。

5.1.2　中式文化语境下造物"转译"

（1）造型形态

对比中外家电造型外观设计，容易看出中西方家电设计中蕴含了中西方不同文化观的审美趣味，在各时期的家电中都有同等材质和色彩的运用，只是使用了完全不同的文化语境。中华人民共和国成立前的"崇洋思想"在中华人民共和国成立后得到"肃清"，改造之后的社会文化氛围认为西装、旗袍为资产阶级生活方式，而长袍马褂为封建生活方式，起居器物方面假使继续使用民国遗留下来的带有洋货款式的家电，则会被视作资本主义的生活方式。社会大变动时期，当外部冲突与自我需求发生冲突时，会压抑自身需求迎合社会潮流，这就是"从众性"的产生[2]。中华人民共和国成立前上海与广州西点餐厅里陈设着精美的西点蛋糕，收音机里播放着美妙的音乐，中华人民共和国成立后西点餐厅经历着亏损、无人问津，最终全面倒闭退出中国

---

①　陈大为. 形态象征性在文化设计中的应用 [J]. 设计. 2005（2）: 40-43.

②　罗筠筠. 梦幻之城—当代城市审美文化的批评性考察 [M] 郑州大学出版社，2003: 152.

人的日常生活。一旦社会环境发生了巨大的变革，所有器物的造型形态也将随之改变。国产家电在制作生产上积极地进行了大规模的设计元素"转译"①，选择了符合中国元素、中国时代审美特色的装饰风格进行设计，刻意回避一切英美帝国主义特有的元素，改用中国图案与纹样，造型以对称均衡、庄重美观为主，如抛弃类似带有美帝文化元素的卡通形象、西式人物改用中华人民共和国成立初期常见的红旗、毛主席勋章、天安门和中国传统人物形象、仕女与弥勒佛等造型设计（图5-3）。这是在国家主权意识形成后使用本土元素对国外产品装饰风格的替代和转译。

（a）1933年美国艾默生收音机

（d）"文革"时期收音机

（b）20世纪40年代美国瓷座台灯

（e）20世纪70年代中国瓷座台灯

（c）1935年美国Sparton公司镜像装饰收音机Bluebird

（f）20世纪70年代弥勒浮雕收音机

图5-3　中西产品造型对比

---

① 章炳麟《訄书·订文》附《正名杂义》："转译官号，其事尤难，盖各国异制，无缘相拟。"

（2）品牌标志设计

　　中华人民共和国成立以前，由于中国积贫积弱，科技产业不发达，家电产品也属于模仿起步阶段。人人皆偏好"洋货"，民族电器产业有着双重性，既想树立"国货当自强"的爱国一面，又因缺乏科学技术在家电产品零部件方面受制于人，在消费者方面并不刻意与西方家电划清界限。中华人民共和国成立前中国本土家电品牌的标志设计也属于态度较为暧昧，既标榜国货，又暗示使用国外零件或使用国外技术，在标志中有意无意地显露出"华洋交融"的味道（图5-4）。中国亚浦耳灯泡前身为德国电器专家 OPEL 开的电器厂，胡西园买下后为迎合人们"崇洋"心态，刻意保留洋文商标，只是将 OPEL 改为 OPPEL，保留音不变。华生电器厂除中文"华"字商标，更多

西方字母组合式标志

华生英文标志

带有东方文化语境的标志设计

（a）飞天电器商标

（b）梅花鹿电器商标

（c）东方电器商标

（d）飞乐电器商标

图 5-4　家电商标演变

使用的是字母 WS 交叠商标，与美国 GE 商标设计结构类似，既满足消费者心态，也为在消费人群中推广国货增加好感。

中华人民共和国成立后，推行公私合营，原民营企业或合并转为国营，或拆分融入各厂各部，国家废除原先标志设计新品牌，建立完全具有本国意识形态的品牌。各家电生产部门提出了众多品牌，甚至家电生产厂家有主、副多个品牌。标志设计也随着新的品牌设计各有不同。早期的标志设计，不仅有着优美的字体，还融入了趋新避俗的抽象图案。早前民国式的"福禄寿""仕女""仙姑""百子"等标志因为"破四旧"运动再无机缘出现在广告招贴之上，取代的是由点线面组成的抽象化元素标准设计，例如"飞天""东方"等具有民族代表性的品牌标志。主要特点是简洁凝练，线条舒畅，表现出新时代的生机勃勃。20 世纪 20 年代，陈之佛[①]自日本绘画学成归来，即大力推广"实业救国"与工艺美术中图案教学，呼吁工艺美术与生产相结合，改善国货固有的外观与标志，将图案设计元素、图案构成运用到生产与设计中去。随着教育推广，中华人民共和国成立后的商标设计一改民国时期写实、具象、繁缛之面目，改由抽象图案结合美术字体合二为一的有意识、较为专业的标志设计。

20 世纪 50 年代，中国开始了家电出口创外汇的行动。在出口海外的过程中，对于品牌的选择上，刻意不使用过分象征革命的红五星，选用最能代表中国特色的花卉或动物作为常见商标品牌，例如"熊猫""牡丹"。"熊猫"元素本身不仅是中国特有的一种珍稀动物，早在 1100 多年前的唐代，就已作为"国礼瑞兽"赠与日本天皇[②]。民国时期，负责难民救助工作的宋氏姐妹为了感谢美国救济中国难民联合委员会对中国的帮助，也曾向美国赠送过一只大熊猫，美国在得知中国将赠送一头熊猫的消息后专程派代表蒂文来华接收。熊猫作为中国特有的珍贵动物已为世界所熟知，选用"熊猫"作为收音机的品牌不仅在国际上耳熟能详，也能代表这个品牌的珍贵，为"国之宝"。而"牡丹"是国花，代表富贵吉祥，在中国传统文化中有着很吉祥、国之昌盛的意义。唐朝有诗云："唯有牡丹真国色，花开时节动京城。"出口型牡丹 101 收音机上的牡丹图标（图 5-5），采用的是景泰蓝工艺，凸显了中国的特色。为了让"牡丹"商标更有特点，当时工厂领导连"字体设计"都考虑到了，聘请了当时任中国科学院院长的郭沫若，使用中国传统元

---

① 陈之佛（1896.9.23-1962.1.15），浙江余姚人。20 世纪初留洋日本，归国后大力推广图案设计教学。
② 李鸿友. 第一"国礼"演化史：千年"特使"的政治秘密 [J]. 中国西部. 2009（4）：32.

装饰用的五角星　　　　　　　　　　　郭沫若同志为牡丹产品商标亲笔题字

图 5-5　20 世纪 60 年代牡丹商标设计

素——书法来书写牡丹的标志，恳请郭老为"牡丹"商标题字。郭沫若欣然同意，为工厂写了五幅书法作品。企业挑选了其中的一幅题字，作为收音机的产品商标，沿用至今，这是中华人民共和国成立后由书法家参与的最早的品牌商标设计。

（3）正面装饰

中华人民共和国成立初期，家用电器在仿制国外家电的同时也在积极地加入中国传统装饰元素。虽然中华人民共和国成立后中国传统艺术纹样在革命中被压抑，但这并不妨碍中国传统艺术在人们脑海中根深蒂固的潜在作用。在中国传统文化中，器物上涉及的纹饰艺术大多既是装饰性的又是符号表意式的，上至宫廷下至民间，都习惯于以形表意，将艺术化的特定纹饰形象通过谐音、比喻等方式抽象化成某种具有吉祥寓意的文符，正所谓"言必有意，意必吉祥"，通常这些纹饰都是组合出现的，并在纹饰组合中变换语义，纹样的符号意义大多是第一位的，在此基础上结合装饰主体造型特点变化设计，提高纹样的审美属性。

在本土家用电器表面加入中国本土手工艺术的材料元素，不仅增添了民族魅力，有的甚至能映射出当时特定的社会背景，例如"牡丹"6201A 型收音机的推出，机身上带有白色的牡丹，就是为了纪念毛泽东的逝世。在装饰纹样上，为了降低德式机的"德式风格"，中国为纪念新中国成立十周年推出了上海 131 型电子管收音机，机体下部刻有双龙戏珠的仿汉白玉雕刻图（图 5-6），不仅提亮了整个机子的明度，也使机身充满了中式的华美。上海 452 电子管收音机在造型上与英国 20 世纪 40 年代推出的便携式拎包式收音机

图 5-6　上海 131 型收音机（20 世纪 60 年代）

（a）英国 bush 收音机（1940 年）　　　（b）上海 452 电子管交直流机（20 世纪 50 年代）

图 5-7　收音机装饰对比

（图 5-7）相似，鉴于 20 世纪 60 年代的"赶超英美"风，中国不仅在制造上，更在外观上铆足干劲表达中国民族传统，除了将喇叭区窗口的横向线条改为方形栅格窗，同时加入交流电底座，在深色底座上贴有仿象牙砖雕古代典故题材"孔子出行"（图 5-7）。上海 452 电子管收音机设计之初就是便携式"旅游机"，与装饰题材的"孔子出行"相呼应，这是 20 世纪 60 年代电子管收音机巅峰期的经典之作。

　　通过一系列的造型形态、商标设计、立面装饰"转译"设计，完成了"国货"家电本土外观式样的"中西融合"，从而形成了较为独特的中国家电外观式样，既包含西式家电的基本形态，又展现出具有中国民族特色的设计风格。

5.1.3　中国传统工艺的糅合

　　1935-1950 年间，欧美的生产商已经完成了第二次工业革命，当时欧美社会对于家电的生产，不论是技术还是工艺方面均已相对成熟，使用复合材料设计制作一些奢华和夸张的造型显然不是什么难事。但对于改革开放前陷于技术封锁的中国而言，制造家电便遇到了麻烦，首先是中华人民共和国成立初期各大资本主义国家对社会主义国家的技术壁垒和原材料的禁运。胶木粉等人造合成材料的短缺，利用木制外壳制作曲线型外观较为困难。中国家用电器不得不使用大量中国传统工艺材料进行替代。其次是第二次世界大战后的金属短缺，由于战后的重建对金属需求量要求很大，欧洲各国甚至一度停止了电扇的生产，中华人民共和国成立后因国内掀起打击资本主义生活方式和"大炼钢铁"，电风扇首当其冲，在民间原有的电风扇被一一砸烂，而新的电风扇生产也遇到金属稀缺等问题。为解决工业产品材料稀缺问题，中国传统工艺材料被补充糅合进了中国近代工业品的生产中。在中国家用电器外功能表面的装饰中，中国传统工艺和图案（例如木雕、浮雕、书法、国画、瓷器和景泰蓝）得到广泛使用。题材从政治人物、花鸟吉兽、吉祥纹样、侍女以及口号等，全面地反映了当时人文、政治和社会等特点。中国早期家用电器制造厂家由国家统一规划、若干手工艺产品厂家合并而成，例如，1969 年北京市东方红无线电厂是在 1969 年 3 月，由北京玉器二厂、雕漆厂收音机车间和北京市特艺公司烧瓷厂等合并而来。中国最早的家用电器的外功能表面设计往往是由传统手工艺师而不是由电子技术师参与设计制作的。

　　上述原因使得中国传统工艺特色的材料与装饰开始出现于中华人民共和国家用电器外观造型和外功能表面之上（图 5-8）。

　　（1）烧制类工艺

　　为了填补金属材料短缺、复合材料的不足，中国家电特别加入了中国的陶瓷、琉璃文化，富有时代意义。20 世纪六七十年代许多中国的家用电器制造工厂也创新性地使用具有中国特色工艺的铜件、实木、瓷器、玻璃、景泰蓝等材料。[①]

　　20 世纪 70 年代在灯具制造上琉璃材料和脱胎景泰蓝工艺占的比例相当大。中华人民共和国成立前原有灯具使用的铸铜和铸铁比例下降，五金加工电镀工艺尚无成熟，原有琉璃工艺工厂开工不足，被划归到日常生活用品中来。20 世纪六七十年代流行一时的台灯有三色绞胎吹制琉璃的灯罩，灯

图 5-8　陶瓷灯座
（20 世纪 70 年代）

---

① 梅益. 中国家用电器百科全书 [M]. 北京：中国大百科全书出版社，1991.

（a）琉璃灯

（b）毛泽东画像

图5-9　20世纪70年代琉璃灯

为常见的子母灯设计，通过拉线开关控制大灯与小灯之间的切换，不失为当时能源短缺情况下的优秀节能设计。台灯底座几乎都是由琉璃球做成串在一起，是当时颇为流行的经典设计（图5-9）。在70年代，中国外贸出口的一种极为精美的台灯，灯座就是用脱胎透明景泰蓝工艺制作而成，古朴大方，极具中国特色。烧制类工艺甚至出现在当时金属紧缺的电扇业，为节省铜铁金属，20世纪60年代曾经出现过瓷制底座的电扇（图5-10）。为取吉祥之意，电扇瓷制底座分别设计成双凤和双鹿造型，既能稳固电扇运作时的震动，又美观大方，配色为松石蓝瓷底座配蓝色扇叶、红棕色底座配绿色扇叶。尤其是双鹿瓷座电扇，仿佛身处松林，松林凉风阵阵，拂面而来。能将民族传统工艺如此融入现代工业产品在西方家电中并不多见。

（2）织锦工艺

在家电外功能表面的装饰上，经常可见仿象牙铭牌、仿花梨木外壳贴皮、杭州织锦的喇叭布、大漆的面板，尤其是织锦的喇叭布，在中外收音机设计史上，中国的丝织喇叭布色彩之艳丽、品种之繁多也是较为罕见的。

喇叭布以锦缎为主，有红色和金色多种可选，喇叭布的图案充分体现了中国传统的古典美，以金银线镶嵌，有花草、焰火、海浪等多种花型，丰富

（a）双凤瓷座电风扇
（20世纪60年代）

（b）双鹿瓷座电风扇
（20世纪60年代）

图5-10　瓷底座风扇

了产品外观。例如后来风靡一时的收音机丝织喇叭布就是杭州的丝织厂设计制造的，有多款花纹可供选择，例如礼花、梅花、菊花和几何纹，由于加入了金丝线，在光照之下闪闪发光，大红大金的色彩非常符合中国传统的审美趣味。在 20 世纪 70 年代这种喇叭布的设计几乎覆盖了全国各地的收音机（图 5-11）。

　　在模仿国外家电产品时，中国家电产品设计依据中国人的爱好，欧系的电器的喇叭布大多是白色或者浅金色，而中国人较为喜爱红色系，并且是具有中国民族特色纹饰的锦缎，为此中国的喇叭布大多为暖色系、红色系。花纹有多种款式，礼花式、菊花式、海浪纹，织以金线，闪闪发光，非常美观。除了夹金丝锦缎的喇叭布，上海无线电四厂还推出过以大海、舰艇为主题的织锦喇叭布面（图 5-12）。中华人民共和国成立后由于市场的变化，原先的织锦图样例如"三星高照""福寿八仙"等品种在市面上无法继续畅销下去[①]，织锦厂开始转变产品风格，顺应时代的潮流，织出带有"军舰""青松""人民大会堂"等图案纹样，将此传统工艺运用到新的领域，60 年代织锦产品不仅用在了中国第一台红旗轿车的内饰上，也成了电子管收音机的立面喇叭布。

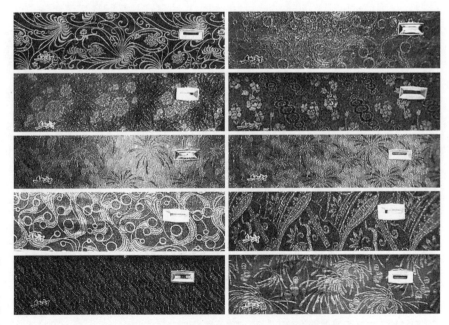

图 5-11　20 世纪 70 年代收音机喇叭布 图片来源：《中国民族工业设计 100 年》

---

① 朱静. 制度与组织——"老字号企业"杭锦丝织厂的个案研究 [D]. 上海：复旦大学，2013：86.

图5-12　凯歌455
收音机（20世纪60
年代）织锦喇叭布
细节
图片来源：《中国民
族工业设计100年》

（3）彩绘浮雕

在早期西方家电出现的各种装饰风格中，中国家电也使用了具有中国特色的彩绘和浮雕装饰家电产品。题材多为花卉纹样，全国各地风景名胜，以婚庆题材为主的双喜凤凰花卉彩喷和反映全国民族大团结的浮雕机。工艺为简单而廉价的喷绘与画片，是20世纪六七十年代较为流行的装饰手法，尤其是"文革"时期大批量地使用，相对于西方的模具冲压一体成型的复合材料家电外壳，中国的彩绘浮雕技术要求较低、品种变化繁多，符合中国家庭陈设布置习惯。在计划经济体制之下，家电产品不仅作为一种现代化产品，在室内陈设方面也处于整个居室的主要陈设之首。中国人习惯于将山水画和带有吉祥的纹样陈设至于厅堂之中，彰显主人的风雅爱好以及文化素养。处于工业文明之下的家电产品在六七十年代取代了中华人民共和国成立前中国传统的陈设物品：瓷瓶、山水屏风、大厅字画等物。也将传统陈设纹样传承至家电产品的设计中（图5-13），直到70年代后期，家电产品大幅普及，家电产品逐渐由客厅主要陈列物退回至各自的居室中去，成为普通日用品，中国传统的装饰纹样才渐渐地从家电产品的外观上消失。

（a）亚美收音机（20世纪50年代）（b）天津工农之友收音机（20世纪50年代）　（c）双喜喷绘玻璃灯罩
（20世纪70年代）

（d）北京牌电视机仿象牙
浮雕装饰牌（20世纪60
年代）

图5-13　中式装饰
纹样

5.2　时代审美因素影响

不同时期发生的历史事件对整个产品的外观具有巨大影响作用，产品设计不止融合中西不同的文化，还能反映出社会性的思想与文化。国外家电产品造型更多的是"形态追随市场"，投消费者所好，这在改革开放前的计划经济时期的中国并不适用。计划型经济的中国既是计划者也是生产者，只有计划性生产、投放市场的过程，在设计方面较少受到市场经济的反馈影响，中国家电的形态更多地反映出当时思想运动的潮流，形成一种政治性的符号化设计。

5.2.1　中华人民共和国成立初期"革命性"装饰题材（1949-1957 年）

中华人民共和国成立初期，全国上下洋溢着解放、革命的热情，"解放式"的意识形态被运用到建筑、服装设计、工业产品等制造领域。人们纷纷脱下旗袍、西装，换上列宁装与绿色军装，并以崇拜军队与军人为荣。与解放思潮有关的"飘扬的红色旗帜""万人大礼堂的红色五角星""迎宾厅地毯上绣有火红的炼钢炉图样"、玉米或者麦穗等纹样带有深深的时代烙印[1]，早期的南京无线电厂将"红星"作为主品牌。当时中国的社会反对"封建旧俗"和"美帝"，家电制造业摒弃了中国传统的以曲线为主的繁复装饰纹样，同样也没有使用欧美华丽的装饰风格，一律使用彰显"革命力量"的以大量水平分割、放射性直线、红五星、大会堂舞台为装饰的外观形态（图 5-14），充满了"爆发力"与"战斗的激情"，很具有时代特征。

5.2.2　"大跃进"时期的"虚夸风"（1958-1961 年）

20 世纪 50 年代中国面临西方资本主义国家的"封锁禁运"和急于发展本国工业的双重压力，此时的中国，有着发展的"紧迫感"和向世界展现本国无线电工业制造力量的强烈愿望。1958 年，在中共"八大"二次会议上提出的"总路线"[2]的号召下，全国科学技术单位掀起了"大跃进""向祖国献礼"的高潮。全国各地科学技术单位工作热情高涨，纷纷自动加班加点，为即将到来的中华人民共和国成立十年"献礼"。此阶段家电生产有两大特点，即"虚夸"。

---

[1]　易萱. "国家客厅"什么范儿 [J]. 传奇（传记文学选刊）. 2014（6）：13-16.
[2]　1958 年 5 月党的八次二次会议正式公布总路线："鼓足干劲，力争上游，多快好省地建设社会主义"。

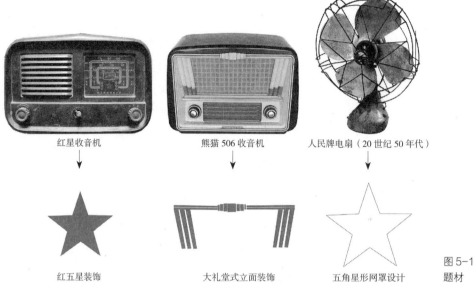

红星收音机　　　　　熊猫506收音机　　　　人民牌电扇（20世纪50年代）

红五星装饰　　　　大礼堂式立面装饰　　　　五角星形网罩设计

图5-14　革命装饰题材

　　"虚夸"主要指生产指标有明显的夸大其词，在"为祖国献礼"的口号下，"截至1958年10月，中科院在北京举行祝捷大会时……共统计出全国万名科技从业人员共研制了2152项科学成果……其中超过世界水平的有66项，达到世界水平167项，"[①]但这些产品作为"献礼机"为国家交了"实验成功"的样机就再无下文，没有产量、无法进入市场。

　　"献礼机"是为特定节日所做，目的是彰显国家科技实力、扬中国国威，从本质上来讲属于"政治任务"。所以它们的产量极少，与市场严重脱节，甚至可以说只是"试验样机"，制作精美，制作过程不惜一切代价，产品质量技术可以达到甚至超越"英美"产品标准[②]，但是由于工艺及成本限制，无法大批量生产。其中最为出名的就是为人民大会堂专门设计的组合式音箱——熊猫1501组合机（图5-15）。由一机部十局在1958年下达"献礼"政治任务给当时的南京无线电厂。熊猫1501献礼机制作极其精美，一改革命符号外观设计，与人民大会堂的中式建筑风格和民族纹样艺术相统一，在造型设计上减少了过去收音机造型的直线化，采用了左方右圆、方圆曲直多种元素，恰似易经中讲到的"阴阳变化，动态均衡，超越吉凶，阴阳交泰"之说。熊猫1501"献礼机"的卷帘门立体凸出，对比具有相同卷帘门开门方

①　向世界科学最高水平挺进——中国科学院北京地区各研究单位举行跃进大会[N]. 人民日报，1958-6-8.
②　许静. 大跃进运动中的政治传播〔M〕. 香港：香港社会科学出版社，2004.

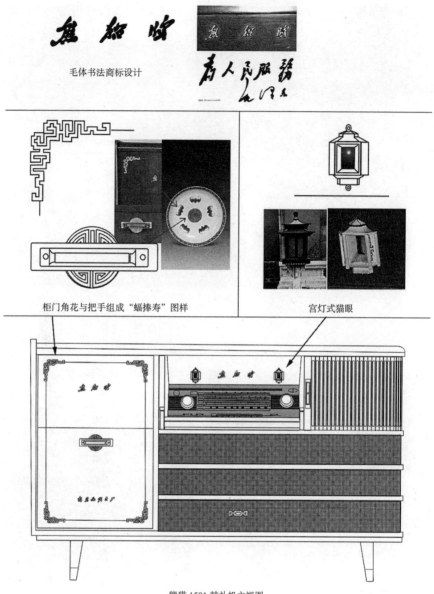

毛体书法商标设计

柜门角花与把手组成"蝠捧寿"图样

宫灯式猫眼

图 5-15　熊猫 1501
献礼机造型分析

熊猫 1501 献礼机主视图

式的英国 PYE 落地式收音机（附录 2），这一设计更像中国的折扇，韵味十足。柜门虽是简单方块体，以中国传统门窗上的"角花"装饰，及蝠形的"一根藤"式角花纹样和柜门把手下压着的寿字纹形成"蝠捧寿"的吉祥纹样设计，寓意着祖国的"繁荣昌盛、福寿满堂"。在形态设计上充分展示了浓郁的民族风格和华丽大方的特点。熊猫 1501 作为一台"献礼机"并未真正进入市场，而是装备于中国驻外使馆、北京人民大会堂等处，还经常作为国家礼品赠送给外国元首。其工艺水平在当时已经达到甚至超越了世界同时代同

1959 年中华人民共和国成立十年庆节日流行彩车（彩车的主体内容是熊猫品牌收音机）

熊猫 1501 人民大会堂特制机

熊猫落地式收音机

图 5-16　熊猫电子产品
图片来源：哈崇南资料（历史照片）

类产品，熊猫的收音机产品在当时被用来彰显"科技之国力"（图 5-16）。之所以会选择国营南京无线电厂[①]（前中央无线电器材有限公司南京厂），是因为在解放南京时被解放军接管，因为军事接管时整个工厂生产线保存完好，故而有很强的技术底蕴。南京无线电厂也是国内较早使用胶木机箱的无

---

① 　国营南京无线电厂20世纪50年代末成为我国一个较大规模、军民结合的无线电通信设备、广播产品的制造工厂，有一定的军工背景，所以在中华人民共和国成立后的一段时间在电器制造业内实力相当强。

线电厂，厂里当时就保存着胶木粉等原材料和技术线。由于生产线保护完整，便于规模化生产，建立统一标准，大幅提高了收音机的产量。南京无线电厂公布与转让的技术图纸一度带动了国内很多家厂家进行仿制。

由此可见，中国当时并不是没有技术能力生产高水准、精美的家电产品，只是由于当时中国还处于发展阶段，还属于以农业为主的大国，人们收入水平低，市场受计划经济管控，产品销售也没有达到自由流通的境界，计划经济下国家既是生产者也是销售者，生产目的不受市场和消费者的影响，以国家出于政治目的生产出来可以和国外相媲美、制作精良的家电类产品，却不能持续性地大量生产与销售，与市场消费能力脱节，只能面临停产的结果。但另一方面，又有其积极的一面，在仿制高端产品的过程中，中国家电厂家积累了宝贵的经验，并通过全国技术人员的"协作大生产"将技术传播到全国各地的国营企业，也通过卫星厂的形式带动了地方的一大批配套厂，可以说，制作"献礼机"本身的意义在技术方面的提高，而非真正的要制造进入流通的高档家电，所以即使制作"献礼机"不惜一切工本，不符合市场规律，但在发展家电技术方面还是有一定意义的。

5.2.3 "文革"时期"红色"装饰（1966-1976 年）

相较于 20 世纪 50 年代末追求高端电器、放卫星式发明仿制电器，经历了工业"大跃进"的失败、三年自然灾害，国民经济严重下滑，国家开始转而生产在保证使用功能的基础之上大规模降低成本的针对民众消费的家电，在电器制造方面更注重实用性、追求造型的简化。进入"文革"时期，中国家电制造在装饰方面受"文革"大形势的影响，带有强烈的政治意味的"红色"装饰手法及产品设计中突出的"象征"造型。美术设计者、工艺师使用了各种展现"文革"文化的手法，为这个特定时期的家电产品增添了独特的时代性特征。当时最具有鲜明时代特色的装饰手法大致可分为"标语式装饰""界面图案装饰""整体造型构建"（图 5-17）。通过此三类装饰手法，大量"彩绘贴画""浮雕面板""题字"和"版画电镀"被广泛地应用到"文革"时期的家电产品上。

中国的文化中"题词""铭刻"文化相当繁盛，而作为中华人民共和国成立后的思想影响，当时的思潮是排斥具有封建主义的东西，中国的传统纹样很大一部分作为"破四旧"的形式被毁掉，这种装饰表现手法被压抑，直至"文革"时期以歌颂新中国、歌颂英雄、歌颂领袖的题材突然喷涌而出。人们追求的是当时的思想指向，红色的、热烈的、英雄的、激进的革命思潮，篆刻、书法等传统艺术设计被运用到家电设计中去，并没有过多的人机

标语式装饰

"文革"时期王府井大街

红旗 643 晶体管收音机

工农兵收音机

界面图案装饰

"文革"时期电扇（品牌不祥）

珠江 SB5-1 收音机

整体造型构建

宝石花天坛收音机

江青开相瓷灯座

图 5-17 "文革"时期家电产品装饰风格

工程学的参与，纯粹以装饰手法表达为主，反映当时全民的精神面貌和时代特征。"红色"与"革命"已经深深地融入了人们的生活之中，人们从生活的每个方面表达着对领袖"崇高的敬意"与对革命的热情，已变成了一种情感符号，通过产品作为纽带，连接社会与使用者，具有时代的烙印。

之后产品的品牌也随之改变，一些带有封建迷信色彩的名字如"嫦娥""飞天"被弃用，原"飞乐"品牌改为"红灯"牌，"美多"改名为"红旗"，使得中国家电史上出现了特殊历史原因造成的大规模品牌无延续性。生产出的收音机具有浓厚的政治色彩，其机身上标有"敬祝毛主席万岁""抓革命、促生产"等口号和语录。"文革"时期的家电装饰大多并不是出于功能性的考虑，而是时代性的风潮体现，作为历史的见证受到关注[1]。

5.2.4　"工业美术"兴起

图 5-18　家电设计师交流会
图片来源：哈崇南资料

上海专门的美术私立学校于 1912 年成立，由刘海粟出任校长，办学初衷乃"……养成工艺美术专门人才，改进工业……"[2]，在中国近代史上第一次将美术与工业联系起来，但由于连续战乱、工业凋敝始终无法将此思想转换为实用性美术，更遑论将现代设计思想与工厂生产联系起来。中华人民共和国成立后，中国工业一度从模仿中起步，由工人参与改进型设计。而在 20 世纪 60 年代的电子家电生产中，造型美术设计人员已经被列为一种分工明确的"工种"，每年的产品交流评比会也变成了造型美术设计人员的交流会（图 5-18）。

（a）1964 年全国广播接收器第四届观摩评比会合影　　　　（b）1978 年福州会议期间设计师交流场景

---

① 胡鸣. 一份"文革"期间家庭日记中的奢侈品 [J]. 博览群书，2014，01：125-128.
② 李传文. 民国时期实用美术教育的特征及影响 [J]. 苏州工艺美术职业技术学院学报，2014（03）.

1978 年 10 月 22~31 日，国务院第四机械工业部（简称四机部，即电子工业部）在福州召开"全国收音机外观、工艺、结构经验交流会"，参加会议的外观组，即国内无线电行业中各企业、事业单位的"美工"，倡议成立"中国工业美术家协会"。此时，全国的产品造型美术设计人员已经意识到他们此工种的特殊性，不仅仅是美工也不完全是美术家，而是与工业生产相结合的"工业美术造型师"。在受到众多造型美术设计人员的共同建议之后，1979 年 8 月 30 日，中国工业美术协会成立（图 5-19），下设陶瓷、电子、装潢、家具、玻璃五个分科学会。[1] 在老牌工业国家中，英国于 1915 年级建立了工业美术这一与工业生产息息相关的边缘学科体系[2]，美国于 1945 年建立工业美术设计协会，日本早在 1952 年也建立了这一组织。中国虽然也意识到这个问题，早在 20 世纪初，留学欧美和留学日本的教育先驱者陈之佛、庞薰琹等就曾呼吁"以美育促进社会的革新与发展"[3]。1956 年我国也曾建立中央美术学院，1960 年，轻工业部在无锡轻工业学院设置了"轻工日用品造型美术设计"（试办）专业，开创了我国工业设计教育之先河。但由于受"文革"运动的影响，1966 年全国高校停止招生，直至 1971 年保送"工农兵学员"上大学至恢复高考，中国的工业设计教育可谓失去了最宝贵的发展时间。1978 年中国工业设计协会工业建立后，中国家电产品设计由工匠仿制向近代工业设计造型美术发展，通过专门美术设计人员的加入，不断吸取中西方设计文化思想，改变着中国家电产品的外观造型。

图 5-19　中国工业美术协会成立
图片来源：哈崇南资料

---

[1]　1986 年 5 月，中国科协编发了《全国性学会、协会、研究会所属学术组织设置手册》，《手册》的第 197 页"中国工业美术协会"专栏里标明，这个组织成立的日期是：一九七九年八月三十日，下设陶瓷、电子、装璜、家具、玻璃五个分科学会。
[2]　阎环. 论工业美术与设计的现代化 [J]. 东北师大学报（哲学社会科学版），1986（02）.
[3]　张曼华. 论陈之佛为人生而艺术的美育思想 [J]. 南京艺术学院学报（美术与设计版），2013（01）.

5.3　不同生产商造物思想对比

正因为多种渠道的民生电器生产商和不同于国外的经济体制和销售模式，使得中国的家电产品表现出与国外产品不同的设计方式、生产目标和销售理念。研究中国的家电产品必须从多方面研究其产品形成的影响因素，而不能单从家电产品的工业设计方式、流程上去简单理解。

5.3.1　国营企业的"耐久"思想

和中国悠久的"官办"器物一样，中华人民共和国成立后家电从一开始就走了两条线，计划性经济之下的生产计划生产和民办街道小厂"民办"的生产。由于中国实行的是计划经济，和苏联制度一样，所有实业均归国家管辖，工矿交通国营，所有生产也是由国家下达命令和指标生产的，并归国营商店经营。当时的家电生产和销售并没有商品竞争关系，是由国家下达任务和计划，在中华人民共和国成立初期急于展现成绩和国力的情况下，调动多个厂家甚至跨企业、跨部门地使得精干科技人员协同合作、共同开发，在这种情况下，国营企业在中华人民共和国成立初期对于家电产业起到了巨大的推动作用。

国营企业并非中华人民共和国成立后才出现，而是在国民党时期就已经出现，国民党政府目睹了民营家电生产商小规模、依赖性质的家电模仿和制造，无法抵御西方国家大规模的倾销，处于国家安全考虑，建立国家管控的大型生产企业，建立完整的研发、生产流程。至中华人民共和国成立后，国家领导人更是看到了集中科技力量的必要性。聂荣臻指出："现代科技与18、19 世纪有很大不同，当时科技发明可以靠个人完成，而现今需要重大理论、重大设备的研究与制作……需要国家力量才行。"[1]以现今的眼光看待改革开放前的家电产品，更多地被人评价为"经典"造型，主要是因为国营企业生产的家电产品外观变动较少，产量极大，由于国家要求不同厂家同级产品零件的可互换性，致使全国范围的家电产品造型雷同乃至相似。

国营企业产品评价体系更多建立在"经久耐用"上，生产技术逐渐成熟，复合材料的产生实现了替换，商品经济中的新颖流行时尚在中国家电产品中出现得较少。为避免西方国家的家电对中国家电产业的倾销、打击，中国国营家电企业通过模仿、转译等方式逐步改进本国产品，并根据本国国情在产品上进行生产技术改革。例如熊猫 B802 型收音机生产时是 1964 年，

---

[1]　王扬宗. 1949-1950 年的科代会: 共和国科学事业的开篇 [J]. 科学文化评论，2008（2）.

而 1964 年正值中国开始"三线建设"。为预防世界性的战争做了国家性的产业发展，这是其他国家包括日本在内的常规国防部署[1]。所以熊猫 B802 收音机设计伊始是为了适应中国三线建设所要达到的边远地区和山区，必须具有灵敏度高、携带方便和性能稳定等优点。此机是 1963 年开始生产，连续生产时间多达 20 年之久，总产量多达 46 万多台，多次在全国范围内的收音机评比中获得一等奖。1965 年，国务院于西藏自治区成立庆典和新疆维吾尔自治区成立十周年之际，赠送了 5000 多台 B802 型收音机作为礼品。生产电视机时，更是考虑到中国当时电视节目的不足，电视节目播放时段较短，而将电视机与收音机合二为一，增加利用率。且考虑到电视机观众并非局限于一个小家庭的内部成员，有可能放在户外收看，制造时有意将喇叭做大，具备多人收听、收看的功能。

由于国营企业质量由国家部门把控，国营家电企业出品的产品在国人心中留下了"耐久""质优"的深刻印象。

5.3.2　军工企业的"效用"思想

中国的军工企业参与家电生产时间较长，从中华人民共和国成立前的中国人民解放军东北军区军二部东安电器厂，到中华人民共和国成立后大量的"代号厂"，时时刻刻都有国家军工企业的参与。军工产品一般是按照军需品的标准进行生产的，设置的使用期限会比民用产品的使用期限高很多，一般会设置到 50~70 年。军工企业以"效用"思想生产产品，按照产品的技术关注产品的内在功能，完善基础上的外观改进，所有的尺寸和度量都是经过科学考量，在没有完全解决技术难题之前，一般很少会改变家电的外功能表面，也不会添加装饰性的题材或结构。在材料上大多会使用金属材质，在机芯部分会使用纯铜，在技术方面也会使用尽可能延长家电寿命的技术，例如蝙蝠电扇的叶片使用的是一整片纯铝冲压而成，所以军工品往往不能简单地分析它的造型设计风格，而应该多注意它的工艺材料的特别之处。

军工企业因为有金属加工制造的优势，基于军工企业的产品设计的一贯理念，对于材料的选择，耐用度大大超出了家用电器的标准，其产品会选择一般家用电器不经常出现的金属材质。天津无线电厂（原中央电工二厂）便利用了民国时期遗留的美国收音机散件，生产了大量小型铁壳五灯收音机（图 5-20），这批机子被誉为 70 年代之前的"接收之王"。

---

[1]　Michael A. Barnhart: Japan Prepares for Total War: The Search for Economic Security, 1919–1941、Ithaca and London: Cornell University Press, 1987, p.18.

图 5-20　军工产品
铁壳收音机

　　军工企业的产品特点是外观设计简单，最早期以铁壳和木壳产品居多，适用于野外，内部做工精致，外部造型保守，多采用仿造或简化同类产品造型。其制造与设计思路为"有效、耐用"，这深深地影响了当时中国家电产品生产的思想，"军用品"电器曾一度被人们所追捧，其原因就是质量、可靠性均超越普通民用家电产品。

5.3.3　民间组装的"奇思妙想"

　　由于大型工艺精美的献礼型家电无法在市场上销售，而另一方面，人民渴望家电产品的心情却与日俱增，当时谁家购买到一台家电，邻居们都会围观欣赏，羡慕之情溢于言表。当时的家电地位在整个家庭生活用品中占有极重的位置，买一台普通的收音机可能会耗费一个年轻工人一年的收入，并且由于供需紧张，没有供应票是很难买到家用电器设备的。与此同时，家电的零部件却可以买到，于是吸引了民间不少无线电爱好者出于对收音机的爱好和生活实际的需求纷纷自己动手购买零件，自己制作收音机。那时，听广播是广大人民群众了解时事和娱乐的主要手段，在无线电市场可以购买半导体盒、三极管等，许多年轻人便开始尝试自行组装，掀起了一股"无线电热"。自组机的造型可谓千姿百态，粗糙但却新奇、活泼、因地制宜，有些材质的替代简直令人惊讶。缺电焊铁，人们用烧红了的铁筷子焊接；缺底板，就使用现成的三合板；没有铆钉，有人竟想到用在合作社买的皮鞋气眼代替，由于气眼刷了黑漆，先要用砂纸把黑漆打磨掉露出金属材质才能进行焊接。于是在民间出现了各式木匠版的家电（图 5-21）。有的找不到木盒子，甚至想到了用鞋盒子制成收音机外观。

　　20 世纪 60 年代后期，随着半导体技术的成熟和普及，民间自制半导体成为一种风尚，其中上海塑料制品三厂出售的 2P3 型号收音机自组塑料壳就是发行量极大的收音机零部件。不少人甚至使用肥皂盒塑料壳做收音机（图 5-22），自制收音机虽为无奈之举，可制作者并不因为"肥皂盒收音机"简陋而少费心思，不仅边角打磨光滑，正面被精美而工整地刻上了当时十分

（a）木制外壳收音机

（b）自制北京牌电视机

图 5-21　手工制作木制机箱家电

流行的毛主席语录，并还象征性地刻上了"青松"，指代毛泽东思想永放光辉。所以在 60 年代，因民间自行组装的家电产品极多，出现了大量无品牌的家电产品。外观造型千奇百怪、匪夷所思，充分体现了民间的"奇思妙想"，也反映了当时产能不足、家电价格昂贵、经济购买力低下的无奈状况。

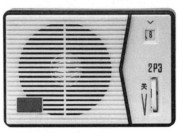
（a）2P3 塑料机壳

5.4　小结

本章具体分析了中国家电产品外观式样的成因及特征，从式样的来源、时代装饰元素特点，及制造商思想解释中国家电产品与国外产品造型的模仿性，中式元素对国外家电产品装饰元素的"转译"，中式传统工艺瓷器、锦缎、彩绘、浮雕、铭牌、书法在家电产品中的运用。解析了中国家电产品不同时期的式样是由多方面因

（b）肥皂塑料盒

图 5-22　2P3 塑料机壳与肥皂壳

素及特定历史背景下形成的：中华人民共和国成立初期的"革命性"装饰题材盛行；"文革"时期的语录、铭牌的对家电产品装饰的影响；"大跃进"时期中对西方家电产品的大规模仿制；国营家电生产企业的"以质优先"、军工企业的重视实际功效思想下对中国家电产品造型的趋同性和鲜少变化；在经济条件制约下民间自制组装盛行，产生了大量奇思妙想、材料各异的民间自制组装家电。解释了中国家电产品造型设计流程不同于西方家电产品设计流程进而形成自有风格的成因。

第6章

中国家电产品造型设计存在问题及启示

中国家电产品从仿制开始，逐步本土化，改革开放后，中国的家电制造业呈爆炸式飞跃发展，产品出口遍布世界各地。但值得特别注意的是，经历了多年的发展，中国家电业没有出现技术或销售形势的特殊优势，依旧打着价格战，以价廉取胜，在国际市场上没有定价权、"为他人作嫁衣裳"，表面看中国的家电产品一度销量全球第一，但从一个产业的角度上看，跳跃式的发展使这个产业存在诸多致命的问题。

6.1　忽视家电产品造型背后的技术支撑

6.1.1　战略性工业化思想缺失

家电产品仅以造型款式的模仿相似是远远不够的，任何产品造型的来源最初都是依据功能而设计的，而功能则包含了技术与必要的工艺流程。这代表着造型即成，其他技术产业必须已配套准备完毕或有能力为此造型研发开辟新的技术产业领域。

中华人民共和国成立初期，何长工[①]即提出尖端产业和一般产业协同发展的战略性工业化思想。虽然中国上海借租界之势嗅到了现代化生活模式并移植了现代化家电工业、初步掌握技术加以仿造，但中国却并非通过产生中国近代科学发展得来的工业产业文明。中国通过在传统手工业上嫁接了西方技术，属于处于传统农耕社会与工业文明之间的"半机械手工业"[②]。而国外家用电器则是以物理科学为基础，在更为尖端的技术部门的支持下衍生出来的"副"产品，例如收音机技术来自苏联物理学教授波帕夫对洛治（Lodge）的接收器的改良成果，研究参与者涵盖大学教授、军方研究所、收音机工厂。电扇由美国引擎车间技术工程师研发，其最早的目的只是利用飞机引擎技术制作公共空间的空气搅拌器，增强室内空气流通，并不是中国为电扇特意研制电机、冲压叶片等技术。西方电扇产生之前已具备来自不同领域专业技术的支持，例如航空设计、机械工程、艺术、电气工程和工业设计。中国由于近代科学的缺失，未经历第一次工业革命，家用电器并未经历"科学仪器设备"阶段，其造型外观也没有形成一条明确的衍变路径，在模仿西方家电的过程中依稀可见移植的柜式家电艺术装饰风格、收音机礼堂式风格、电

[①] 何长工，湖南人，毕业于长沙甲种工业学校机械系，曾留学与法国，深谙工业产业发展规律，中华人民共和国成立伊始即呼吁大力发展航空业。

[②] 彭南生. 中间经济：传统与现代之间的中国近代手工业（1840-1936）. 北京：高等教育出版社，2002：316.

扇之流线型风格。片段式仿造造成了中国家电产品仿造只知其"型"未深究其何以为此"型"。

20 世纪 50 年代，国家移植苏联发展重工业，为鼓励工人的积极性，刻意强调了工人参与一线生产的比率，压制了知识科技人员在中华人民共和国科技建设方面的参与度。60 年代推行"兴无灭资""赶超英美"，对英美科技采用一概否定的态度，致使中国延误了宝贵的发展周边科技的时机，只是简单地发展生产工业产品制造，发展工人学徒制传承技术，至今仍未形成科技人员至生产第一线的风气，更为实现各学科尖端部门融通协作。在改革开放前的中国，世界电器工业产业已经变得更复杂、更集约，一个零件包含的技术涉及化学提炼、物理科技、机械制造各部门，涵盖的科技领域更是极为广泛，中国家电工业中的制造领域终于由于上游科技来源部门缺失的影响使得发展越来越受到制约，核心技术缺乏、制造业流水线残缺，最终只得接受高价买入国外淘汰的技术与陈旧的流水线。

6.1.2　不匹配的原料支持与加工工艺

经历过第一次、第二次工业革命的西方国家在家电业发展制造时期，其原料来源、冶金业、电子工业、复合材料、模具业在经历了第二次世界大战的"洗礼"后已经发展得较为成熟，此时发展家电产品制造可谓是"瓜熟蒂落"，原材料的来源与生产工艺已经成熟，加之经济繁荣、家电用品需求大增，西方国家要做的只是将技术结合、建立完整的生产线，不仅可以满足本国人民的需求，更可以以低廉的价格倾销于他国，打开世界市场。

而中华人民共和国成立后生产家电产品，则面临着极大的困难，除去核心元器件没有国产化，对当时的中国来说，单是塑料这一项原材料都是难倒生产者的一只"拦路虎"。20 世纪 50 年代初期，塑料奇缺，国外塑料业的大发展是建立在石油工业的基础上，塑料是石油提炼出的副产品，中国在50 年代还没有摘去"贫油国"的帽子。中国的塑料工业先驱徐僖不得不基于植物性原料五棓子制造棓酸塑料。1953 年中国建立了第一所塑料厂——重庆棓酸塑料厂[①]，由于塑料得来不易，中国60 年代之前自产的家电产品的电线、绝缘线不使用塑料涂层而用纱包线，熨斗的手柄大多用木材，收音机的外壳更是大都用木壳。这种情况直到 1959 年发现大庆油田，中国的石油加工业建立后才开始好转，也可以说，石油的发现带动了工业产业之"轮"下的多种原材料的生产链启动。中国还是一个"富铝贫铜"的国家，在大

---

① 赵学宏. 近代化学厂中国内地塑料工业的摇篮 [J]. 经营与管理，2015（12）：7.

量的重工、轻工、机械加工中需要大量的金属，使得本来就雪上加霜缺乏原材料的民生产品制造只能一再减少导热导电性能最好的铜金属，"以铝代铜"[1]"以塑料代铜"，家电产品质量必然也会受到影响。

工艺方面，生产线并不成熟，产品不是完全依靠完整的流水线生产的，而是通过并不完整的机械加工线进行模仿生产，边模仿边学习。由于既缺乏工艺又缺乏机器，甚至连专业制造车间都没有，只好寻找相近工艺替代。例如第一台海鸥照相机需要使用的光学镜片是通过吴良材眼镜店打磨眼镜片玻璃工艺制造出来，甚至连镜片原料高色散玻璃胚亦无法国产，依赖进口，原料供给时断时续。所以 1949-1979 年期间的家电产品往往可以做到在外观造型上与国外同类产品相差无几，但本质上却有所差别：国外的产品有一套完整的流水生产线和产品标准，产品的质量和产品的价格都控制在一个稳定的范围，中国则只能通过断续的机械加工和大量使用人力制造，质量既不稳定、废品率也高，导致家电产品价格昂贵，最终改革开放后被西方国家的大型企业的家电产品打败，中国家电企业陆续倒闭或者被吞并。

6.1.3 低端产品需求导致的家电技术革新停滞

中华人民共和国成立后实行计划经济，粮食采用配给制，工资自 1956 年改革，实行分级工资制，干部的工资也只有比普通工人多一倍，30 级干部的工资每月仅 20 元，当时家电产品对于一个干部家庭来说都是耗资巨大的消费[2]。家电产品在"三反五反"[3]时就作为一种资产阶级的生活方式遭到抵制，所以除了收音机和照明电器之外，取暖器、电扇等家用电器的生产非但没有因为中华人民共和国成立后工业的发展而发展，相反受到了一定的限制。国家对于居民住房也实行公房计划控制，房屋公有制打破了原来中国四合院格局，也打破了中华人民共和国成立前使用家电产品颇多的上海租界的花园洋房的室内布局。中华人民共和国成立后职工住房户均面积只有 $30m^2$，厨房和厕所公用，在一定程度上限制了居室家电产品的分类陈设，睡眠式住房无法容纳更多的家电。

由于事事皆需计划，社会风气清廉简朴、崇尚节俭，在 20 世纪 60 年代遭遇了三年自然灾害经济下滑后，家电的需求欲望更是进一步的下降。

① "文革"时期开始以"铝代铜"为了节约材料，到后来演变为"以铝为基础"的错误思想。
② 李立志. 变迁与重建（1949-1956 年的中国社会）[M]. 南昌出版社，2002：104-106。
③ 1951 年底到 1952 年 10 月，中华人民共和国在党政机关工作人员中开展的"反贪污、反浪费、反官僚主义"活动。

"文革"时期唯有收音机得到了巨大的发展，缘由是随时收听"最高指示"，产量大增的收音机并非 50 年代造型奢华的电子管收音机，而是仅满足收听语言类节目基础功能的造型简单朴实的半导体收音机。半导体收音机的音色和声音柔润度远不及电子管收音机，但在当时能拥有一件收听语言类节目电台的半导体收音机已是一件了不起的事，这不得不说消费能力和消费层次对产品造型设计有着极其深广的影响，没有高端的消费人群，家电产品的生产也随之萎靡和技术改进缓慢，技术不但停滞不前反而在一定程度上倒退，只有经济消费能力提高，家电产品的技术革新、产品的外观造型美观度才会相应得到提升。

6.1.4 企业技术人才结构与工业国家不匹配

中华人民共和国成立前，国民党政府就派遣过 450 人到国外参观与实习，其中绝大多数被派往美国。有资料表明，至 1946 年，国民党资委会职员人数为 18000 人，其中 58% 拥有本科学位。大渡口钢铁厂本部的职员大学本科率有 29.02%，高中以上文凭的占了 75% 以上（图 6-1），这在中华人民共和国成立后几乎不可想象。

民族资本电器制造厂的创始人中大多是工人、商人、少数知识分子，但很明显缺乏科学家等基础学科的专门人才。

图 6-1 大渡口钢铁厂主管人员名单及简历
图片来源：卞历南著 [M] 制度变迁的逻辑. 杭州：浙江大学出版社，2010：141.

姓名	职务	教育背景
杨继曾	主任委员	德国柏林大学毕业
鲁循然	副主任委员	德国富爱北格矿冶大学毕业
梁强	主任秘书	日本京都帝国大学土木工科学士
童致诚	福利处处长	法国南锡大学化学工程博士
杨君雅	会计处处长	复旦大学商学院会计系毕业
李仲强	购置处处长	国立北京大学工科采矿冶金系毕业
孟宪厅	工务处处长	国立同济大学机械科毕业
翁德銮	总工程师	英国苏格兰格拉斯哥大学机械科毕业
陈东	第一制造所所长	南洋大学电机科毕业
陈洽	第二制造所所长	日本东京高等工艺学校
周自定	第三制造所所长	唐山工程学院采矿系毕业
徐纪泽	第四制造所所长	交通大学机电科毕业
孙祥鹏	第五制造所所长	德国柏林工业大学特许工程师
陆芙塘	第六制造所所长	交通大学
韩兆崎	第七制造所所长	唐山交通大学机械科毕业

中华人民共和国成立后也向苏联派遣过学生，除了中华人民共和国成立前后回国的专家，也有一部分国内的大学生、中专生，技术人员主要来自于普通中学，少数是技工学校学生，工人高中以上学历的只占30%甚至更少，初中占了70%，这种结构与工业发达国家有着较大的差距。

6.2　体制对家电产品造型设计的影响

6.2.1　"以产定销"对家电产销信息的割裂

西方的家用电器的黄金发展阶段不仅是由于科学技术的大发展，也是处在大环境的经济繁荣期，西方在资本主义经济体制之下，大力发展商品经济，不断地设计时髦的商品，实行商品分期付款制[①]，加之美国股市大涨，造成柯立芝繁华时代下的商品经济大繁荣，人们用金钱买着各种各样的商品，被推销员说服买了汽车、收音机、电冰箱，极大地增加了广告的投入。人们日益喜爱时尚感和科技感极强的流线型风格，生产厂家会投顾客所好努力地将受欢迎的因素及时出现在家用电器的造型设计上。遍布美国各大商场的推销员在销售中不断收集产品反馈的信息给美国的家电生产商，为下一步生产和改进提供更多的灵感和建议，国外的家电造型设计方案的积累是从真正的产品销售中得到的信息反馈。

1949-1979年，中国处于计划型经济的模式之下，实行"以产定销"，生产多少量和生产目标均由国家既定，国家统一收购集中产品、统一定价、统一凭票销售，在认购票据上甚至详细地注明了产品的品牌、型号，完全割裂了商品与使用者之间的信息交换。并且由于自1949-1979年期间，中国经历了"三反五反""大跃进""文革十年""上山下乡"等一系列革命运动，社会经济不发达，即使在"大跃进"时期，国家号召"超英美"的口号，制造出了外观华美、性能相近的家电产品，却因为"三年自然灾害"民生经济急剧下滑而难以为继，国家这才制定方针，将家用电器生产的目的定为"针对广大普通老百姓"[②]，制造普通老百姓买得起的家用电器。

计划型经济是解决"有无"问题，相对于市场经济，它更为注重的是公平和统一分配，而国外的市场经济一直以"竞争"为目的，积极收集用户的

---

① [美]弗雷德里克·刘易斯·艾伦. 大繁荣时代[M]. 北京：新世界出版社，2009. 书中描写美国第二次世界大战后20世纪20年代测算，零售额的15%都是通过分期付款完成的。

② 马克. 薛尔顿. 中国社会主义的政治经济学（中文版）. 台湾：台湾社会研究丛刊，1991（1）：27，28.

反馈消息，争取尽快地推陈出新，在这一点上中国 30 年的计划型经济在一定程度上决定了无法像国外一样快速地改良与更新技术。即使到了今天，家电设计师依旧没有习惯于信息反馈与收集，或者反应较为滞后，对于捕捉国际潮流信息更感兴趣，殊不知国外使用者的信息是基于发展较为成熟的本国信息采集系统收集而成，其信息采集手段远比国内的家电企业更为专业和灵敏。

6.2.2　中国军工厂的体制封锁

军工厂在一定意义上来说代表着国家最强、最前端的技术生产线，它的优势在于可以调动一切可能的技术人员、整合国家的一切技术资源来不惜代价地研发产品，至 20 世纪 80 年代仅江苏省就有军工科研生产单位 36 个，其中部属厂、所 12 个，地方企业 24 个，军工企业完成的工业总产值占全省电子工业总产值的 30% 以上，军工单位的企业名一般以数字命名，例如 742 厂就是江南无线电器材厂（后改名为无锡华晶公司）。中国的军工企业是属于国营工厂，在严格控制技术保密措施的同时也生产一部分民用产品，提供出售民用产品的零部件，例如二机部十局曾下达了南京电子管厂试制收信放大管、南京无线电厂试制国产电子管广播收音机的任务。经过一年的努力，两厂分别于 1952 年和 1953 年初先后试制成功了全套收信放大电子管和全国产电子管广播收音机，并在当年正式批量生产了 5000 多台投放市场。

事实上，军工厂在技术发展上可以像"涟漪"的中心点一样影响和极大地带动中国民用家电的发展革新，但由于体制的严格管控，中国军工厂一直以来并不存在与民营或乡镇社办企业进行合作、技术相互交流等行为，中国的军工厂严格被体制控制，隶属于各个局或者直属军队，甚至不会与其他系统的国营单位有技术数据共享与交流。中国军工厂的制造设计发起人是政府，销售权和分配也完全在政府的严格管控之下，所以中国的军工厂一直以来养成的习惯是"不惜代价""不计盈亏"，这在中华人民共和国成立初期的计划性经济中问题尚不算太严重，因为产品是统一生产统一分配的，但在如今的市场经济下，依旧沿袭封闭系统的中国军工制造，如计算机芯片"龙芯"的研发、"北斗"导航系统等新技术的研发就显得力不从心和缺乏技术支持了。相比较下，美国军工厂最开始是由国家政府与私有普通制造业企业签订合同提供锻件，私人企业充当了国有军工厂的承包商，然而很显然，美国的资本家并不仅仅满足于此。由于两次世界大战美国对军用设备尤其是无线电的大量使用，使得军工企业快速地发展了起来，各大军工企业相互竞争，出现了波音、道格拉斯、通用电力这些私营大型军工企业，最后形成财团逐步控制了美国的军工生产，形成了美国的五大军工巨头。美国对这些私营军工企业在一开始就采取了必要的商业惯例、规范和标准，容许实行军民一体化，由国防部提供资金，"要求在同一生产线，甚至在同一机床上，既能制造军用飞机，又能制造民用飞机的主要结构部件"[1]。美国为此每年节省下了大批资金，由于美国军工厂实行的是军民融合产业，不但使公司的核心技术得以保持，设施和技术人才可以内部调整、消化，而且分散了风险，军用品、民用品造型可相互借鉴、生产效益互补。

6.2.3　设计中的"等级表达"

中国封建时期发达的礼教，使中国的"造物"历来以合"礼"、合"规范"，胜过西方斯堪的纳维亚的"维京海盗式"以功能性"合用"为目的。中国自古"造物"都是有"法度"的，甚至被上升到一个"合法性"的问题。同样一个茶具，以其色泽、款式被分类为官窑还是民窑，皇族使用还是民间可以使用。它建立在某时期的社会制度之上而非简单地建立在西方的"设计思潮"之上。这也是中国 1949-1979 年家电产品呈"双线式"发展的一个重要原因。一方面不惜工本制作走在世界前列的工业产品以显示国力却不对外销售只分配给特殊阶层，另一方面大量制作便宜堪用的低端产品以适应广大民众的消费能力。

中国的设计带有极多的"规范性"和"合法性"，"僭越"是不道德的一种行为，这在世界工业设计史上也是一个特例，在中国的艺术设计中尤其显得突出。在中国古代，民间的产品如过于"花哨取巧"便被视为一种设计的过分，造型大多以国家民生出发，以节俭的名义提出"适用"设计。而为政治核心人物设计的家用电器便轻易摆脱了"法度"的约束，拿熊猫牌1501 型落地式收音、电唱、录音三用机举例，它是体现十年发展新水平而生产的高级电子音响产品[2]，产出后并没有对外销售，而是分配在极少的国家领导人的家中和作为国礼赠与外宾，总共生产了 200 台，当时售价 640元，但这售价并不针对市场，因为这台高级电子音响产品从未进行过自由买卖。

时至今日，随着时代的发展，家电产品已不再作为奢侈品，家电产品的"等级"性逐渐消失。

---

[1]　陈友谊. 美国国防工业军转民研究 [J]. 国际技术经济研究，2002（4）.
[2]　徐松森. 电子管收音机怀旧系列（八）调频 / 调幅立体声组合机 [J]. 实用影音技术，2006（12）62-64.

6.2.4　国家组织的"联合设计"之利弊

技术水平和国家对于生产制造商的管理对于家电外观设计起着决定性的作用。技术专利保护由来已久,各国政策各不相同。自 18 世纪末以来,英美民主自由经济体制下制造业皆由民营,并由国家设立多种法律以维护企业的权益,并且对企业进行奖励,国家并不直接参与企业的经营,这使得这些国家的制造企业得到了快速的发展。为保障各大民营生产商的利益,英美国家都较早地制定了专利法以防止产品剽窃行为的发生。德国实行轴心制度,充分帮助民营企业的发展,但政府完全监管这些企业。在共产主义体制下,苏联所有实业均归苏维埃管辖,国营企业垄断了工矿交通行业,即使农场也由国家经营,称之为集体农场。中华人民共和国成立后实行社会主义,体制上与苏联相同,实行公私合营,民营企业收归国有,并采取计划经济。于是市场经济情况下产品的供需关系被忽视,变成了有计划有生产、无计划无生产,一切按计划生产。国家成了制造商,一方面各种家用电器的研发基本上调动各省技术人员,集合了举国之力取代了由一个单位独立完成整个制造的生产方式,因此技术专利保护工作被忽视;而另一方面,由于国营企业采用了机部、局所的纵向管理模式,电器的生产则在兄弟单位之间交流,其他领域的先进技术无法更多地融入,导致各地家电造型高度趋同,外观单一,基本没有明显的变动。

国营家电企业在中华人民共和国成立初期为集中发展家电技术做出了很大贡献,整个技术水平、生产率低下的中国制造业如果单凭民营企业逐渐靠自身技术发展来促进生产、提高生产率必将使中华人民共和国成立后"产业复兴计划"变得遥遥无期。西方各国,技术提升已有长时间的"沉淀期",早在第二次世界大战之前,资本主义萌芽期,西方的机械工艺与科学技术就开始发展起来,在第二次世界大战期间,西方各国通过军工产品订单使得国内的中小企业获得了爆炸式的发展,中小企业凭借大量订单发展成为大型私人企业,最后变成了若干财团,反过来控制了大型军工企业。冷战后国外的军工企业资本社会化,形成了五大军工巨头,其中包括了生产飞机的波音、雷神与通用动力。并因为在第二次世界大战中为飞机提供引擎制造,将技术充分地积淀在了德国奔驰、德国宝马等车企民企中。

中国的工业产业则走了另一条路,通过国家直接介入,将私营民营企业通过"公私合营"的方式,将私营企业、作坊纳入到国家公有制企业中来,并通过组建、合并的方式整合厂房、员工及技术资源的方式,用新中国得到的有限的技术产品资源为蓝本,调用全国各地的技术人员进行"联合设计",

其中南京不仅以"细胞分裂"的方式在南京本地诞生众多配套厂，并在长江沿岸城市重点扶持地方企业，进行"传、帮、带"，更像全国辐射出"卫星厂"和移交技术形成全国范围的电子家电类产品生产基地。这不同于西方下订单征订零部件，由民营企业研发提供，最终产品制成，技术知识产权即留在该民营私企内。中国的"联合设计"的发起人是国家，国家替代了企业家的角色，使得技术的知识产权不属于个人，当然也不能属于某个国营企业。由于生产计划产品是国家政策方面既定的，技术部门的技术改革就局限在一个"提高产能、节省用材"的小范围的技术修改，无法进行新技术的大规模研发。

这就是中华人民共和国成立后迟迟没有推行"知识产权"私有化的原因，国营企业的研发人员也并没有因为创新性得到经济上实质性的好处，于是在中华人民共和国成立初期为中国的经济建设做过重大贡献的国有家电企业在改革开放后新技术不断涌现时无力应对，最终在改革浪潮中大量倒闭。

6.3　对未来家电产品造型设计的启示

6.3.1　未来家电产品造型趋于"大象无形"

正如当今家电产品伴随着功能的日益复杂、外观造型反而变为极其简单的"黑箱化"[①]，所有的界面甚至操作按键整合于液晶屏，甚至出现了手势挥动操作。在此设计中整合了交互技术、数媒编程、电脑信息终端处理及网络传送等极为复杂的操作过程。与此同时，随着数控技术的普遍采用、加工工艺和原材料制作技术的提高，实现功能整合化外观造型设计制作便成了一件简单的事情，家电产品造型变得不再固态化，而是随着功能的迁移至新的物体上，或者集微小化设计整合于服装成为可穿戴式系统。例如电视机，由于技术之成熟和信息接收系统的普及化，收看电视之功能早已不局限于原有定义的电视机，电视信号接收既可以是小小液晶屏的工作，也可能是大如一面墙体的幕墙的功能，更可能没有电视机之本体，而是通过投影来实现电视机之家电功能。延伸至照明类家电、制冷类家电、制热类家电，未来发展趋势都可能会只有其功能，而无固定造型形态。科学技术越成熟，家电造型将越偏向于机器美学，形成一种更符合科学逻辑、理性的造型。

---

① "黑箱化"设计：产品结构与功能完全隐去，在外观上并不能一目了然地鉴别其功能。

6.3.2 注重基础科学的研究与投入

所有家电产品技术追溯的本源都并非特意为家电业专门研发，家电技术皆源于更高一级的产业部门。家电产品的最初造型"科学仪器设备形态"便可证明这一点。家电产品的本质是科学仪器设备的"家用化"。科学仪器"家用化"产品改良过程中形成了家电产品造型设计流程。

家电产品的材料与工艺在家电产品外观造型上起到越来越重要的作用，中国家电产品不如国外产品精美，"效用"有很大一部分原因并不是出在设计图纸阶段，而是差在材料物理性能不达标与制造工艺技术跟不上。和中国绝大部分工业产品一样，很多产品失败在模仿了造型却模仿不了"内在"。

而这材料与工艺的研发力量来自于是最基础的科学领域，如物理、化学、数学等领域的研究成果。中国目前不论是教育领域，还是国家重点投资项目，这些基础科学学科都遭遇"冷门"，长此以往，会直接影响中国所有产业领域的技术产能发展。

6.4 小结

在研究 1949-1979 年家电产品造型的基础上，给出基于产品设计学上的设计评论。家电产品造型演变过程中所反映出的问题，不单是家电领域的，它们几乎覆盖了中国整个轻工业产品的制造过程。这些问题随着改革开放有一部分问题得到了解决，一部分问题依旧存在，甚至更为严重。如高端产业对次级产业的技术流动、原材料工业发展较弱、基础学科不够重视、军工厂与民用工业之间的隔阂，这些家电产业中所存在的问题，也是本书后续研究课题所要研究的重点。通过研究中国家电产品造型演变轨迹，对中国未来家电产品的造型进行预测，也对现有的中国家电产业模式发展方向给出建议。

第 7 章

结论与展望

本书以中华人民共和国成立后 30 年家电为研究对象，在进行了广泛的田野调查、实物调研，以及大量的历史、文献考证资料分析的基础上，从物质形态和非物质形态两方面对中国家电的产生、发展与本土化进程进行了系统研究，分析了家电产品造型的形成条件、发展历程，式样的类型、特征及其成因，并对家电的技术发展及获得技术的方式进行了解析。

7.1　主要结论

（1）总结归纳了中国家电生产沿革主线

中国家电产品通过舶来品的传入，民族企业家仿制难敌西方老牌工业国家之倾销，遂从民国国民党政府开始建立国营工厂引进技术、研发产品。中华人民共和国成立后政府通过敌产接收、公私合营、统筹合并、计划型"以产定销"建立了改革开放前的家电生产系统。在中华人民共和国成立后的技术封锁中艰难地自主生产、摸索技术更新之路，通过多国的技术引进、本土家电与国外家电的不断交流，"大跃进""文革"时期受到时代审美的影响，以及改革开放时的政治经济体制松绑，都是中国家电产生与发展的内在推动力，但是这些只是促成中国家电样式的客观条件，世界科技大发展和中国勇于改革进步才是中国家电业不断改变、不断与世界接轨的主要原因。

（2）讨论了中国家电产品造型演变及影响因子

不仅针对中国家电产品的造型来谈演变历程，还需要通过时代因素、社会因素、工艺因素来谈论其演变影响因子。通过研究中国工业近代史、中国近代化工发展史、中国近代科学技术发展，通过世界家电业横向与本国家电业纵向的比较，展现了多年来中国通过仿制和小部分的改进追平世界家电技术。从原来落后西方工业将近 100 年，一穷二白，到发展出中国本土的工业、电子业、化工业制造产业的艰辛过程中。

（3）从中西造物思想、时代审美因素及不同制造商思想三个方面对中国家电演变特征进行了系统分析归纳

中国家电产品由于受到中国制造工业技术限制而进行折中设计，在造型形态上的演变受到材料、工艺限制表现为改国外复合材料为国内自然材料补充的设计特点，并对中国人的喜好进行一系列的面板装饰设计；随着时代的变迁，在产品造型实体要素上的演变主要表现为装饰性趣味减弱、装饰品味相融合、由模仿转向本土特色、全新的具有时代特色的产品语汇出现；在计划型经济下通过大厂开发带动小厂，生产方式上则主要表现为研究所得技术转让、国营大厂的"联合设计""大协作生产"，规定不同厂家同类产品零

部件互换而导致的全国性家电产品造型雷同。

（4）重新审视对外开放后对国外技术的接受方式

重新审视了改革开放后家电业的发展情况，而不是简单地将"产能的提高"等同于中国家电业"飞速发展"。阐述了由于引进全套技术对中国本土家电产品周边配套产业的极大冲击，中国将自己定位于一个"代加工"大国，为了开发成品低、资金回笼快、短时间即可见到效益，自我切断了本国家电产品的完整生产体系。家电产品流水线及机器不由自己开发，而是国外引进的，甚至连原材料也是进口，中国家电业既非国内技术延伸也非国内原料采购商，成为中国工业产业中的一个"寄生胎"。改革开放后，中国的高科技含量材料研发的薄弱和机械产业的落后使得中国的国营家电产业遭受了惨重的"大清洗""大洗牌"，改革开放后提出，中国整体产业配套必须加以重视，并追平到一定的高度，重建完整产业链。

7.2　后续与展望

（1）从全局性、整体性的研究视角入手，对中国家电主产区进行系统研究

目前研究的视点主要集中在 1949-1979 年间的家电生产。但实际上，1979-1982 年中国改革大潮席卷整个家电产业，其引起的生产结构变化、技术的改造吸收、先进科技的引入，对于整个家电产业的变革的影响是积极而巨大的，是对此观点的延续，也是对中国家电产业研究转型期的一个中西方工业发展融合与交流研究的极大补充。后续的研究可从全局性、整体性的研究视角入手，对中国改革开放后的家电产业转型，系统地分析其成功的方面，也分析其带来的负面影响，使得中国的工业产业受到冲击，在国营与民营经济比重上做出了重大调整，使国营份额从家电中退出，使军工企业转为生产民生产品，建立中国现代工业产业的基本形式，在市场经济中转型。

（2）将科学的量化分析方法引入到产品设计的研究中来

目前国内产品设计的研究方法大多是只以产品本身造型研究为主，对于产品的研究偏重于产品外功能表面（如产品的人机界面、交互等形式，构成产品外观设计方式或其技术属性与分类等）的分析，对产品设计中复杂的产业链、科学技术研发、人文历史、使用者社会结构关系，常有难以全面而整地呈现。因此有必要引入 TRIZ 理论[①] 分析方法来辅助产品的研究，对于

---

① 是一种通过创造性地发现问题和创造性地解决问题过程中形成理论的设计方法。

将"物"置于一个"场"的演变形式进行分析。目前国外运用较多的产品设计研究方法就是基于技术研发、基于发明专利上的一个组构产品的理论，它对技术专利发明进行分类，深入分析技术的等级以及科学的支持度，对科学发明进行重组、结合，创造出最大可能数量的新产品。它可以解决我国新技术转换率低和现有的工业产业缺乏核心技术和技术含量低的问题，对于节约利用设计资源和提高科学技术的转换率，连接科学界和设计界有着重大的作用。

参考文献

[1] [美]丁韪良. 格物入门 [M]. 北京：同文馆刊行，1868.

[2] [美]林乐知. 万国公报 [N]. 上海美华书馆铅印版.

[3] [美]威廉·斯莫克著. 包豪斯理想 [M]. 济南市：山东画报出版社，2010（02）.

[4] [清]李杕. 格致益闻汇报 [N]. 上海：益闻报馆. 1899：63.

[5] [清]学部审定科. 物理学语汇 [M] 上海：商务印书馆，1906.

[6] [清]张修爵. 普通教育物理教科书 [M]. 上海：普及书局，1907. 第二版：87-88.

[7] [清]周尔润. 直隶工艺志初编 [M]. 天津：北洋官报局刊印，1909.

[8] [英]安纳斯·美查. 申报 [N]. 上海书店 1983 年影印本.

[9] [英]安纳斯·美查. 水龙贺会记盛 [N]. 申报，1879，5（21）：2. 上海书店 1983 年影印本.

[10] [美]弗雷德里克·刘易斯·艾伦著. 大繁荣时代 [M]. 北京：新世界出版社，2009.

[11] 申报. 谈摩登 1934 年 8 月 24 日本埠增刊第 2 版

[12] 中国电器工业发展史编辑委员会编. 中国电器工业发展史 综合卷 [M]. 北京：机械工业出版社，1989.

[13] Arthur A., Bright Jr.. The Electric-Lamp Industry: Technological Change and Economic Development from 1800 to 1947[M]. New York: The Macmillan Company, 1949.

[14] Costanza R, King J. The first decade of industrial design. 1972.

[15] Donald Berkeley, American media and mass culture: left perspectives, University of California Press, 1987.

[16] Henry, Schroeder. History of Electric Light [M]. Washington: Smithsonian Institution, August15, 1923.

[17] JimLesko. Industrial Design Materialsand Manuafeturing. NewYork: John Wiley&Sons, INC, 1998.

[18] 百度文库. 电扇. 互联网文档资源（http://wenku.baidu.c）2012（11）.

[19] 薄一波. 若干重大决策与事件的回顾：下卷 [M]. 北京：人民出版社，1997：721.

[20] 卞历南. 制度变迁之逻辑 [M] 浙江大学出版社 2011：71.

[21] 陈春琴. 国内外家电品牌发展之比较 [J], 商场现代化, 2009（03）: 15.

[22] 陈大为. 形态象征性在文化设计中的应用 [J]. 设计方法研究, 2005（02）: 40-43.

[23] 陈玳玮. 民国时期教育播音研究（1928-1949）[D]: [博士学位论文]. 呼和浩特市: 内蒙古师范大学, 2012.

[24] 陈汉燕, 徐蜀. 广播情怀 经典收音机收藏与鉴赏 彩印 [M]. 北京: 人民邮电出版社, 2013, 74.

[25] 陈幌. 实用教科书物理学 [M]. 上海: 商务印书馆, 1918: 262-264.

[26] 陈俊等. 调频袖珍电台的设计与制造 [M]. 北京: 国防工业出版社, 1984: 408.

[27] 陈友谊. 美国国防工业军转民研究 [J]. 国际技术经济研究, 2002（4）.

[28] 陈真, 姚洛. 逢先知. 中国近代工业史资料: 第2辑 [M]. 北京: 三联书店, 1959.

[29] 杜立辉, 余元冠. 战后日本钢铁工业的发展特点及启示 [J]. 经济纵横, 2007（10）: 77-79.

[30] 高砥. 战后日本机械工业剖析 [J]. 日本问题研究. 1982（2）: 37-57.

[31] 葛涛. 声音记录下的变迁——清末、民国时代上海唱片业兴衰的社会、政治及经济意义 [D]: [博士学位论文]. 上海: 复旦大学, 2008.

[32] 葛涛. 声音记录下的社会变迁——20世纪初叶至1937年的上海唱片业 [J]《史林》, 2004（6）.

[33] 葛元煦.《沪游杂记·洋广货物》[J], 上海: 上海古籍出版社, 1989（06）: 28.

[34] 工业和信息化部编. 中国电子信息产业统计（1949-2009）. 北京: 电子工业出版社, 2011: 41.

[35] 郭熙保, 陈志刚, 胡卫东. 发展经济学 [M]. 北京: 首都经济贸易大学出版社, 2009.

[36] 何人可. 工业设计史 [M]. 北京: 北京理工大学出版社, 2000.

[37] 何晓佑. "引进·消化·创造——中国工业设计教育浅谈",《装饰》2003（10）: 90-91.

[38] 何一埠. 浅谈我国家电工业的发展道路 [J], 中国集体经济, 1999（12）.

[39] 胡鸣. 一份"文革"期间家庭日记中的奢侈品 [J]. 博览群书, 2014, 01: 125-128.

[40] 胡西园. 追忆上海往事前尘: 中国电光源之父胡西园自述 [M]. 北京: 中国文史出版社, 2005.

[41] 黄岭峻. 30-40年代中国思想界的"计划经济"思潮 [J]. 近代史研究, 2000.2.

[42] 黄时鉴, [美]沙进. 十九世纪中国市井风情: 三百六十行 [M]. 上海: 上海古籍出版社, 1999.

[43] 黄晞. 中国近现代电力技术发展史 [M]. 济南: 山东教育出版社, 2006.

[44] 建设委员会. 中国电气事业统计第 4 号 [M]. 南京：建设委员会图书馆, 1934.

[45] 建设委员会. 中国电气事业统计第 5 号 [M]. 南京：建设委员会图书馆, 1934.

[46] 建设委员会. 中国电气事业统计第 6 号 [M]. 南京：建设委员会图书馆, 1936.

[47] 建设委员会. 中国电气事业统计第 7 号 [M]. 南京：建设委员会图书馆, 1937.

[48] 建设委员会. 中国电气事业一览表 [M]. 南京：建设委员会, 1936.

[49] 建设委员会编. 建设委员会电气事业专刊 [M]. 南京：建设委员会图书馆, 1932：96.

[50] 江苏省地方志编纂委员会. 江苏省志－乡镇工业志 [K]. 北京：方志出版社, 2000.

[51] 江苏省收音机工业发展史. 互联网文档资源, 2015：02.

[52] 金明善, 车维汉. 赶超经济理论 [M]. 北京：人民出版社, 2001：2.

[53] 孔繁敏. 对七十年代前期引进技术设备问题的反思 [J]. 经济科学, 1987（5）.

[54] 李传文. 民国时期实用美术教育的特征及影响 [J]. 苏州工艺美术职业技术学院学报 2014（03）.

[55] 李立志. 变迁与重建（1949-1956 年的中国社会）[M] 南昌出版社 2002, 104-106.

[56] 李长莉. 晚清"洋货流行"与消费风气演变 [J] 历史教学, 2014（02）：25.

[57] 梁启超. 饮冰室合集外文 [M]. 北京：北京大学出版社, 2005：23.

[58] 梁伟言 择善固执的收集狂 [J] 看中国, 2007（11）.

[59] 刘德鹏 石龙坝 中国首座水电站的历史钩沉 [J]. 三峡论坛（三峡文学. 理论版）2013（03）.

[60] 刘国光, 张卓元. 中国十个五年计划研究报告 [M]. 北京：人民出版社, 2006.

[61] 刘树成. 论又好又快发展 [J]. 经济研究, 2007（6）.

[62] 刘伟, 张辉. 中国经济增长中的产业结构变迁和技术进步 [J]. 经济研究, 2008（11）.

[63] 刘忠, 刘国忠. "文革"时期的社会生活及其对后现代文化的影响 [J]. 甘肃理论学刊, 2006（6）.

[64] 罗筠筠. 梦幻之城一当代城市审美文化的批评性考察. 郑州：郑州大学出版社, 2003：152.

[65] 罗平汉. 1958 年的神话："跑步进入共产主义" [J]. 党史文苑 2014（08）：26.

[66] 罗荣渠. 从"西化"到现代化 [M]. 黄山书社, 2008.

[67] 罗苏文. 近代上海：都市社会与生活 [M]. 北京：中华书局, 2006.

[68] 梅益. 中国家用电器百科全书 [M]. 北京市：中国大百科全书出版社. 1991.

[69] 墨菲. 上海一现代中国的钥匙 [M]. 上海：上海人民出版社, 1986.

[70] 倪亚辉, 丁义超. 常用塑料模具钢的发展现状及应用 [J]. 塑料工业 2008（09）.

[71] 年建新, 李发根. 模具工业发展趋势综述 [J]. CAD/CAM 信息制造现代化, 2003（11）：3.

[72] 潘君祥. 近代中国国货运动研究 [M]. 上海：上海社会科学院出版社, 1998.

[73] 秦晖. 中国改革前旧体制下经济发展绩效刍议 [J]. 云南大学学报，2005：2.

[74] 人民日报社论：冲天干劲和科学分析的结合 [N]. 宁波大众. 1958. 12. 22.

[75] 上海通社编. 上海研究资料续集 [M]. 上海：上海书店，1984：532-556.

[76] 上海通志编纂委员会编. 上海通志 [M]. 上海：上海科学出版社/上海人民出版社，2005.

[77] 沈志华. 对在华苏联专家问题的历史考察：根据中俄双方的档案文献和口述史料 [J]. 中共党史研究，2002.2.

[78] 沈志华. 苏联专家在中国（1948-1960）[M]. 北京：中国国际广播出版社，2003.

[79] 沈志华. 中苏关系史纲 [M]. 北京：社会科学文献出版社，2011.

[80] 宋连生. 总路线、大跃进、人民公社化运动始末 [M]. 昆明：云南人民出版社，2002.

[81] 孙毓棠. 中国近代工业史资料：第 1 辑 [M]. 北京：科学出版社，1957.

[82] 汪海波. 中华人民共和国工业经济史（1949-1998）[M]. 太原：山西经济出版社，1998.

[83] 王尔敏. 上海格致书院志略 [M]. 香港：香港中文大学出版社，1980：34-35.

[84] 王季烈. 共和国教科书物理学 [M]. 上海：商务印书馆，1914 年第 3 版：140-141.

[85] 王稼句. 三百六十行图集 [M]. 苏州：古吴轩出版社，2002.

[86] 温世光. 中国广播电视发展史. 台湾三民书局，1983（1）：99.

[87] 吴继金. "文革"期间的"红色"浪潮. 钟山风雨，2006.3.

[88] 武力. 中国计划经济的重新审视与评价 [J]. 当代中国史研究，2003：4.

[89] 武力. 中华人民共和国经济史. 中国经济出版社，1999.

[90] 向新. 1957-1978 年中国计划经济体制下的非计划经济因素 [J]. 中国经济史研究，2002（4）.

[91] 忻平. 从上海发现历史——现代化进程中上海人及其生活（1927-1937）[M]. 北京：人民出版社，1996.

[92] 新华视界. 收音机里的中国往事，2013（06）. http://szb.xzrbw.com/news.aspx?id=44690.

[93] 徐松森. 电子管收音机怀旧系列（八）调频/调幅立体声组合机 [J]. 实用影音技术，2006（12）：62-64.

[94] 许建明. 军营经济：1949-1978 年中国社会经济的运行机制 [J]. 香港社会科学学报，2004.

[95] 许静. "大跃进"运动中的政治传播 [M]. 香港：香港社会科学出版社，2004.

[96] 薛毅. 国民政府资源委员会研究 [M]. 北京：社会科学文献出版社，2005：228-229.

[97] 严鹏 战略性工业化的曲折展开：中国机械工业的演化（1900-1957）[D]. [博士学位论文]. 湖北：华中师范大学，2013.

[98] 阎环. 论工业美术与设计的现代化 [J]. 东北师大学报（哲学社会科学版）1986（02）.

[99] 姚贤镐. 中国近代对外贸易史资料 1840-1895：第三册 [M]. 北京：中华书局，1962.

[100] 殷乃德. 我国塑料等非金属电镀发展过程的回顾 [J] 电镀与精饰 1988（06）：33-35.

[101] 张柏春. 中国近代机械简史 [M]. 北京：北京理工大学出版社，1992：47.

[102] 张曼华. 论陈之佛为人生而艺术的美育思想 [J]. 南京艺术学院学报（美术与设计版）2013（01）.

[103] 张丕万. 电视与柳村的日常生活 [D][博士学位论文]. 武汉：武汉大学. 2011.

[104] 张伟. 沪读旧影 [M]. 上海：上海辞书出版社，2002.

[105] 张向东，张宝华. 中国景泰蓝文化 [M]. 北京市：中国华侨出版社，2011.

[106] 张湛彬. 大跃进和三年困难时期的中国 [M]. 北京：中国商业出版社，2001.

[107] 赵玉明，曹焕荣，哈艳秋. 周恩来同志与人民广播 现代传播，1979：03.

[108] 赵玉明，曹焕荣，哈艳秋. 周恩来同志与人民广播 [J] 现代传播 1979. 03. 02.

[109] 中国电子视像行业协会编. 中国彩电工业发展回顾 [M]. 北京：电子工业出版社，2010：185.

[110] 朱静. 制度与组织——"老字号企业"杭锦丝织厂的个案研究 [D][博士学位论文]. 复旦大学. 2013：86.

附录1 国产家电国外原型机对比（部分）

德国 SABA 沙巴电子管收音机	中国上海 131 型收音机
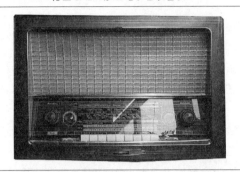	
德国根德收音机	中国飞乐 272

德国 AGE 收音机	中国南京熊猫收音机

德国 saba 电子管收音机	中国牡丹 711 收音机

续表

德国根德电子管收音机点唱机	中国熊猫 607-4 收、唱机

德国 saba 收音机	中国飞乐 265 收音机

德国收音机	中国上海 312 收音机

德国德律风根收音机	中国上海国泰无线电收音机

美国爱默生收音机	中国亚美收音机

美国 RCA 收音机	中国红星 501 收音机

苏联莫斯科人收音机	中国小北京收音机

苏联波罗的海收音机	中国中苏牌收音机

续表

德国德律根风收音机	中国珠江 S86 收音机
	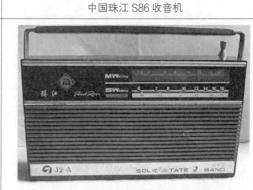
美国珍妮丝收音机	中国牡丹 2241

德国德律风根收音机	中国上海 354 收音机

荷兰飞利浦收音机	中国熊猫 601

续表

日本 Sony-tr6502	中国国产微型口袋收音机（品牌不祥）

日本 TR-72 收音机	中国华北无线电器材联合厂收音机
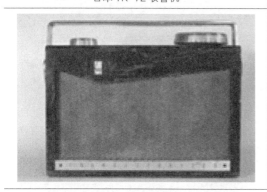	
STANDARD 日本早期晶体管收音机	中国上海收音机
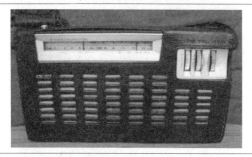	
荷兰飞利浦收音机	中国红旗 601 收音机

英国 PYE 收、唱机	中国飞乐收、唱机
	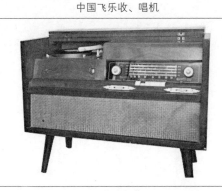
荷兰飞利浦收音机	中国东湖 B31

50 年代飞利浦收音机	中国上海 135 收音机

荷兰飞利浦收音机	中国凯歌 4261
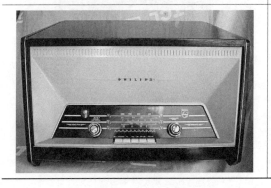	

续表

英国 PYE 收音机	春雷收音机

苏联黑白电视	北京牌黑白电视

美国 GE 电扇	华生电扇

附录 2 国产电子管收音机定级的参考资料

* 国产电子管收音机的价值可分为 8 级，1 级最高，8 级最差。

附表 2-1

年代（20 世纪）	品牌	生产商	型号	电子管数量	备注
国产电子管收音机价值等级：1 级					
民国时期	亚美				
民国时期	中雍				
国产电子管收音机价值等级：2 级					
50 年代	熊猫	南京无线电厂	1501、1502、1503	14	
50 年代		上广电	532	14/16	
50 年代	牡丹	北京无线电器材厂	911、1201		
国产电子管收音机价值等级：3 级					
40 年代后期	飞歌				
40 年代后期	RCA				
40 年代后期	资源				
日伪时期	满洲				
50 年代初	红星	南京无线电厂	501、502		不含带后缀型号，例如 502-甲等
1955 年以前	上海	上海人民广播器材厂	131-135	3	再生式
1955 年以后	上海	上海广播器材厂	341、354、356、357、359、471、472		电源直流型
1955 年以后	上海	上海广播器材厂	451、452		电源交流型
1955 年以后	上海	上海广播器材厂	144	6	金属按键型
1955 年以后	上海	上海广播器材厂	133	9	
1955 年以后	上海	上海广播器材厂	531	7	落地式
1955 年以后	上海	上海广播器材厂	143	6	试制样机
	熊猫	南京无线电厂	507	5	
	熊猫	南京无线电厂	605	6	
	熊猫	南京无线电厂	506	5	木质外壳 / 三面红旗式造型
	熊猫	南京无线电厂	509		电源直流型
	友谊	上海国营无线电厂	722-551	7	
	黎明	上海国营无线电厂	721-553	7	

续表

年代（20世纪）	品牌	生产商	型号	电子管数量	备注
	南益	上海南益电器厂	201	2	再生式/电源直流型
	远程	汉口无线电厂		9	
	东方红	汉口无线电厂	723	7	
	上海	汉口无线电厂	724	7	
	牡丹	北京无线电器材厂	911、911B、911B-TH	9	
	牡丹	北京无线电器材厂	711	7	
	牡丹	北京无线电器材厂	561	5	电源直流型
	牡丹	北京无线电器材厂	551	5	出口产品/电源直流型
	牡丹	北京无线电器材厂	664-A	6	电源直流型
	牡丹	北京无线电器材厂	761	7	电源直流型
	牡丹	北京无线电器材厂	751	7	出口产品/电源直流型
	牡丹	北京无线电器材厂	103	3	度盘带五角星标
	工农之友	天津无线电厂		2	木质外壳
	野玫瑰	天津野玫瑰电机厂		2	
	野玫瑰	天津野玫瑰电机厂		3	
	农乐	天津第三五金电器生产合作社		1	
	嘉陵江	重庆无线电厂			电源直流型
	长江	重庆无线电厂			电源直流型
	太湖	无锡电讯器材厂		5	电源直流型
	电波	泰州无线电厂	601A、601B	6	电源直流型
		泰州市无线电修配厂	701	7	电源直流型
国产电子管收音机价值等级：4级					
	上海	上海广播器材厂	142、143	4	
	上海	上海广播器材厂	152	5	
	上海	上海广播器材厂	161	6	大八脚管
	上海	上海广播器材厂	131		双龙戏珠
	上海	上海广播器材厂	132	7	不带后缀
	上海	上海广播器材厂	551、552、553、554、555	5	电唱收音两用
	美多	上海无线电器材厂		5	印刷电路
	美多	上海无线电器材厂	673-1-1、573	7	
	美多	上海无线电器材厂	662G-1-1	6	

续表

年代（20世纪）	品牌	生产商	型号	电子管数量	备注
		中国唱片厂	501	5	
	飞乐	上海无线电二厂	2Y-2070	7	落地式
	飞乐	上海无线电二厂	271、272		
	春雷	上海无线电三厂	101	10	
	亚美	上海公私合营亚美无线电厂		5	
		上海电讯电器工业公司		6	
		北京无线电器材厂	717	7	
		北京无线电器材厂	103	3	
	红星	南京无线电厂	502-甲、503	5	不带后缀
	红星	南京无线电厂	505	5	不带后缀
	红星	南京无线电厂	612	6	
	熊猫	南京无线电厂	301A	3	
	熊猫	南京无线电厂	504-4、551、552、553、554、555	5	
	熊猫	南京无线电厂	601-8		木质外壳/三面红旗
	熊猫	南京无线电厂	601-2G	6	左猫眼
	熊猫	南京无线电厂	673、6M2	6	
	熊猫	南京无线电厂	607、609	6	
	东方红	汉口无线电厂	82Y	7	
	东方红	汉口无线电厂	802Y	7	
	卫星	汉口无线电厂	81-Y、803	8	
	卫星	汉口无线电厂	61-G	6	
	东湖	汉口无线电厂	41、41A	4	
	上海	汉口无线电厂	621、622	6	
	苏牌	北京市生产合作总社		6	
	凤凰	北京市生产合作总社	4202-A	4	
	凤凰	北京市生产合作总社	6261-A	6	
	凤凰	北京市生产合作总社	701	7	
	工农之友	天津无线电厂		2	胶木外壳
	和平	天津无线电厂		4	
		天津市第一电讯器材厂	158-7A	7	
	幸福	中国人民解放军文教用品厂		5	

续表

年代（20世纪）	品牌	生产商	型号	电子管数量	备注
	幸福	中国人民解放军文教用品厂		6	
		上海利闻无线电机行		5	竹帘唱机盖
	海河	天津渤海无线电厂	432	3	
	都江	成都无线电厂		5	椭圆形
国产电子管收音机价值等级：5级					
		上海广播器材厂	131		普通版
		上海广播器材厂	132-1	7	
		上海广播器材厂	154	5	
		上海广播器材厂	155	5	不带后缀
	祖国	上海广播器材厂	158	5	
		上海广播器材厂	159	5	不带后缀
		上海广播器材厂	160	6	不带后缀
		上海广播器材厂	163	5	不带后缀
		上海广播器材厂	161-2、161-3、164	6	
	飞乐／红灯	上海无线电二厂	261-12A、265、268	6	
	红灯	上海无线电二厂	269	6	语录
	美多	上海无线电三厂	65A	5	
	美多	上海无线电三厂	66A、66B、66D	6	
	宝石	上海无线电四厂	441、453-A	4	
	凯歌	上海无线电四厂	4261、4262、4263A	6	
	红灯	上海电视十二厂	144	6	
	新时代	上海公私合营公利电器厂		5	
	美多	上海无线电器材厂	52	5	
	美多	上海无线电器材厂	562A、563A	6	
	红星	南京无线电厂	503-甲、503-乙、504、504-1、504-2、504-6、504-7、505-1	5	
	红星	南京无线电厂	601、601-1、601-1A2、601-2A2、601-3A2、601-4A2、601-5A2、601-6A2、601-7A2、601-9A2、601-10A2、601-12A2、601-13A2	6	
	熊猫	南京无线电厂	506	5	

续表

年代（20 世纪）	品牌	生产商	型号	电子管数量	备注
	红星	南京东方无线电厂	641、642、WF	5	
		浙江广播器材厂		5	舞台造型
	卫星	汉口无线电厂	31	3/4	
	大桥	武汉市中元电机厂	852-A	5	
		华北无线电器材厂	351	5	
	中苏	北京市生产合作总社		5	
	鹦鹉	北京市第一无线电合作社		5	
		北京无线电器材厂	511、511-2	5	
		北京无线电器材厂	101A、101B	5	出口产品
		北京无线电器材厂	611、612、620、6201A	6	
		北京无线电器材厂	101C、101D	6	出口产品
		北京无线电器材厂	6204C、6204D	6	木栅喇叭窗
	牡丹 /红旗	北京无线电器材厂	625	6	
	牡丹	北京无线电器材厂	626	6	
	凤凰	北京市生产合作总社	4201A	4	
	凤凰	北京市生产合作总社	621-1、5961	6	
	强声	天津市电机厂	5702	5	
	海棠红	天津市和平区无线电器材厂	61-5-A	4	
	鹦鹉	天津市无线电器材厂	93-A	3	
	鹦鹉	天津市渤海无线电厂	621	3	
	百灵 /红叶	北京无线电二厂		4	
	北京	天津无线电厂	217	4	
		青岛广播电台服务部		5	
	丰收	保定人民广播电台服务部	仿熊猫 601	6	

国产电子管收音机价值等级：6 级

	上海	上海广播器材厂	155 后级、156、157、159带后级	5	
	上海	上海广播器材厂	159 带后级	6	
	上海	上海广播器材厂	160A、160-3、161	6	
	上海	上海广播器材厂	163-1、163-2、163-4、163-5	5	
	上海	上海金属工艺三厂	144	6	

续表

年代（20世纪）	品牌	生产商	型号	电子管数量	备注
	飞乐	上海无线电二厂	251、252	5	
	工农兵	上海无线电二厂	254	5	
		上海无线电二厂	261	6	
	红旗	上海无线电三厂	581、582	5	
	红旗	上海无线电三厂	652、663	6	
	凯歌	上海无线电四厂	593	5	
	中原	上海公私合营中原电器厂	5120、5130、5140	5	
	宇宙	上海利闻无线电机厂		5	
	电子	上海开利无线电机厂		5	
	东方	上海东方电工厂		5	
	三勤	南京无线电工业学校			
	海燕	上海一〇一厂	162-1、162-2、D322、D322-1	6	
		上海仪表电讯技工学校	4071	5	
	牡丹	北京无线电器材厂	6204、624	6	
	红星	南京无线电厂	504-3、504-4、504-5、504-8	5	
	红星	南京无线电厂	601-2、601-3、601-4、601-5、601-6、601-7	6	
	红星	南京东方无线电厂	642	5	塑料面板
	武汉	汉口无线电厂	533	5	
	黄河	郑州无线电厂	562、563、SY-1	5	
	渤海	大连无线电厂	6051、6055	6	
		天津长城无线电厂	D41、D42	4	赛璐珞贴面（语录）
	金狮	天津无线电电阻厂		5	
	都江	成都无线电厂	101	5	
	梅花鹿	吉林无线电厂	60-01	6	
国产电子管收音机价值等级：7级					
	上海	上海新华元件厂	144	6	
	上海	上海计算机厂	144	6	
	红波	上海一〇一厂	269	6	
	红灯	上海无线电二厂	711	6	
	天津	天津电讯器材厂	352	5	

年代（20世纪）	品牌	生产商	型号	电子管数量	备注
	天津	天津电讯器材厂	361	6	
	红旗	天津电讯器材厂	355	5	
	海河	天津电讯器材厂	356	5	
	长城	天津长城无线电厂	612	4	
	长城	天津长城无线电厂	D531	5	
	长城	天津长城无线电厂	609	6	
	越秀	广州无线电厂	603	6	
国产电子管收音机价值等级：8级					
		各地无线电厂	仿制红灯711	6	

附录3 主要国产电子管收音机一览表

北京市产品

品牌	型号	电源电流	电子管数量	波段	备注
北京	103	交流	3		
北京	561-A、-B、-C	直流		3	出口型号：牡丹牌 551-AJ、-BJ、-CJ
北京	511	交流	5	2	出口型号：牡丹牌 101-A
北京	511—2				出口型号：牡丹牌 101—B
中苏			5		
北京	611				出口型号：牡丹牌 101—C
凤凰	701	交流	6	2	
太空	D6-1		6	2	
牡丹	620	交流	6	3	
牡丹	6201A		6	3	
牡丹	624E	交流	6	3	
牡丹	664—A	直流	6	4	
牡丹	626	交流	6	3	
北京	761				出口型号：牡丹牌 751—AJ
北京	711	直流	7	3	出口型号：牡丹牌 752—AGP 型
牡丹	911	交流	9	5	
牡丹	1201	交流	12	5	
天津市产品					
农乐		直流	1		再生式
工农之友		交流	2/3		再生式
野玫瑰		交流	2/3		
		交流			
鹦鹉	93-A1	交流	3	中波	
鹦鹉	621	交流	3	中波	
鹦鹉	621-1	交流	3	中波	
长城	D42	交流	4	1	
长城	612	交流	4	中波	

续表

品牌	型号	电源电流	电子管数量	波段	备注
北京		交流	4	2	
海棠红	61-5-A	交流	4	2	
和平		交流	4		收唱两用机
海河	356	交流	5	2	
长城	D531	交流	5	3	
强声	5702-A、5702-B	交流	5	2	
红旗	355	交流	5	2	
天津	352	交流	5	3	
天津	361	交流	6	3	
长城	609	交流	6	2	
远航	797-4	交流	6	2	
上海市产品					
南益	201 型、无电源型				收音机
上海	131				收音机
上海	132 型、133 型	交流	3		
上海	134、135、135-A 型	交流	3	中波	
上海	自动调节型、142 型	交流	4	中波	
上海	143 型	交流	4	中波	
南益		交流	4	2	
上海	451	交直两用	4	中波	
上海	452 型	交直两用	4	2	
宝石	441 型	交流	4	中波	
上海	354 型、355 型	直流	5	2	
上海	356 型、357 型、359 型	直流	5	2	
新时代	101、103、104 型（552-7）	交流	5	2	
新时代	101-A 型（552-6）	交流	5	2	
新时代	102 型（552-7 甲）	交流	5	2	
新时代	105、106、107、108、109 型（552-8）	交流	5	2	
中原	5120、5130、5140 型	交流	5	2	
上海	152 型、154 型、155 型、155-A 型、156-A、B、C、D 型	交流	5	2	
上海	157-B、157-D、157-E、157-F、157-H 型	交流	5	2	

续表

品牌	型号	电源电流	电子管数量	波段	备注
上海	157-M 型	交流	5	2	印刷电路收音
祖国	158	交流	5	3	
上海	159 型、159-1 型、551 型、552 型	交流	5	2	
公利	552-3 型、552-4、552-5 型、552-6 乙型	交流	5	2	
上海	553 型、163-5 型	交流	5	2	
美多	52A-A、B、C 型、652-1、652-2、652-3、652-4、652-5 型	交流	5	2	
美多		交流	5	2	印刷电路收音机
宇宙	507 型	交流	5	2	
飞乐	251 型	交流	5	2	
凯歌	593-1、593-2、593-3、593-4、593-5、593-6、593-7 型	交流	5	2	
工农兵	254 型	交流	5	2	
公利	562-1 型	交流	6	2	
公利	562-1 型	交直流两用	6	2	
美多	562-A 型	交流	6	2	
美多	662G-1-1 型	交流	6	2	收唱两用机
红波	269 型	交流	6	2	
上海	161 型、163 型、163-6 型	交流	6	2	
上海	2PR 型	交流	6	2	收唱两用机
凯歌	4261 型、4263A 型	交流	6	2	收唱两用
红灯	711-2 型	交流	6	2	
海燕	162-1 型、162-2 型、D322-1 型	交流	6	2	
声达	9621 型、D811 型	交流	6	2	
美多	563-A 型、573 型、66A 型、663-2、663-6、663-8、663-10 型	交流	6	3	
飞乐	261-A 型、261-1-TH、261-2-TH 型、265 型、265-1 型	交流	6	3	
上海	144、159-2、160-A、159-3 型 160-3 型、161 型、161-1 型	交流	6	3	
上海	471 型、472 型、472-A 型	交直流两用	7	2	

续表

品牌	型号	电源电流	电子管数量	波段	备注
上海	131 型、531 型、132-1-TH 型	交流	7	4	
上海	341-A 型	直流	7	3	
友谊	722-551 型	交流	7	3	收唱两用机
飞乐	271 型、272 型	交流	7	4	
飞乐	2Y-2070 型	交流	7	4	落地式收唱两用机
春雷	101 型	交流	10		调频调幅低频立体声
上海	532 型	交流	14		收、唱、录三用机
江苏省产品					
熊猫	301-A 型	交流	3	中波	
太湖		直流	5	中波	
太湖	502 型	交流	5	3	
红星	503 型、504 型、504-1 型、504-2 型、504	交流	5	3	出口型号：熊猫牌 551、552、553 型
红星	504-4 型、504-5 型、504-6 型、505 型、505-1 型	交流	5	3	
熊猫	506-1 型	交流	5	3	有磁性天线
熊猫	506 型	交流	5	3	无磁性天线
熊猫	508 型	交流	5	2	
电波	506 型、506A 型	交流	5	2	
熊猫牌	509 型、509-1A 型、509-A 型	直流	5	3	
三勤	58-1 型、62-1 型	交流	5	3	
红星	642 型	交流	5	3	
电波	601A 型	直流	6	2	
电波	601B 型	直流	6		四用机
海狮	681-1 型		6	2	
玫瑰	711-2 型	交流	6	2	
红叶	751 型、751-3 型	交流	6	2	
红叶	791-2 型	交流	6	2	落地式收唱两用机
三友	D—802 型	交流	6	2	台式
星球	791 型	交流	6	2	
太湖	602 型	交流	6	2	
仙女	792 型	交流	6	2	
凤凰	602 型	交流	6	2	

品牌	型号	电源电流	电子管数量	波段	备注
熊猫	507型、605型、607型、601型、601-1～601-8型	交流	6	3	
熊猫	601-1A2、2A2、3A2、4A2、5A2、6A2、7A2、9A2、12A2、13A2	交流	6	3	
熊猫	607-A型、607-1A～607-3A型	交流	6	3	
熊猫	609型	交流	6	3	收唱两用
红星	612-1型、612-1A型	交流	6	3	
太湖	603型、631-1型	交流	6	3	
江南	603-1型	交流	6	3	
玫瑰	DT-2	交流	6	3	
熊猫	1401型		14		调频调幅
熊猫	1501型				落地式收音、电唱、录音三用机
熊猫	1502型				落地式收音、电唱两用机
泰州	701型	直流	7		收、扩、对讲、电话四用机
河北省产品					
春风	D521型	交流	5	2	
春风	D621型	交流	6	2	
内蒙古产品					
航天	801-1型	交流	6	2	
辽宁省产品					
羚羊	610-1型	交流	6	2	
双喜	8062-1型	交流	6	2	
新风	731-A型	交流	6	2	
红双喜	D602-1型	交流	6	2	
渤海	6051型、6055型	交流	6	3	
	QNLD-731型	交流	7	3	收唱两用机
吉林省产品					
火炬	791型	交流	6	2	
凤凰	D801-2型	交流	6	2	
飞跃	602-B型	交流	6	2	
天池	TT-D6型	交流	6	2	

续表

品牌	型号	电源电流	电子管数量	波段	备注
黑龙江产品					
	DC-5 型	交流	10	2	
	DC-6 型	交流	6	2	
浙江省产品					
春风	741-2 型、741-3 型	交流	6	2	
	R131 型	交流	6	3	
灵峰	LFD-1 型	交流	6	2	
安徽省产品					
黄山	585-2 型	交流	5	2	
黄山	792 型	交流	7	3	
福建省产品					
茶花	GS-1 型	交流	5	2	
沈河		交流	6	2	
武夷	801 型	交流	6	3	
沈河	SH-1C 型	交流		3	集成块、晶体管、电子管混合电路
武夷	803 型	交流	6	3	
江西省产品					
秀江	602-2 型	交流	6	2	
中华 / 新乐	121 型	交流	6	2	
山东省产品					
鲁声	801 型	交流	6	2	
银雀	798 型	交流	6	2	
河南省产品					
黄河	SY-1 型、562 型、563 型	交流	5	2	
航空	791-1	交流	6	2	
凤凰	6D2 型	交流	6	2	
白鹤	765-1、765-2 型	交流	6	2	
湖北省产品					
卫星	31 型	交流	3	中波	
东湖	41 型	交流	4	中波	
大桥	852-A 型	交流	5	2	
武汉	533 型	交流	5	2	

续表

品牌	型号	电源电流	电子管数量	波段	备注
快乐	DT29-1 型	交流	6	2	
中华	801 型	交流	6	2	
百灵鸟	DS-1 型	交流	6	2	
菊花	791 型	交流	6	2	
银球	741-2 型	交流	6	3	
上海	621 型	交流	6	3	
卫星	61-C 型	交流	6	3	收唱两用机
云雀	80D-1 型	交流	7	3	
上海	724-571 型	交流	7	3	
上海	724-572 型	交流	7	3	
挹江亭		交流	7	3	
东方红	723 型	交流	7	3	
东方红	81-Y 型、802-Y 型	交流	8	6	
东方红	803 型	交流	8	5	
远程		交流	9	4	
广东省产品					
	541 型	交流	5	2	四用机
	251 型、252 型	交流	5	3	
梅花	744-D 型	交流	6	2	
海鸥	664 型	交流	6	3	
越秀	603、633 型	交流	6	3	
梅花	785-E 型	交流	7	3	
广西省产品					
百灵	DT320-2 型	交流	6	2	
争艳	801 型	交流	6	2	
阳雀	DT320-2 型、DT321-1 型、DT322 型	交流	6	2	
百花	801 型	交流	5	2	
桂林	7412-A 型	交流	6	2	
百花	803 型	交流	5	3	
四川省产品					
嘉陵江		直流	4	2	
长江	125 型	直流	5	2	

续表

品牌	型号	电源电流	电子管数量	波段	备注
川江		交流	6	2	
芙蓉	FJ-101 型	交流	6	2	
峨嵋	802 型	交流	6	2	
白帆	3611-1 型	交流	6	2	落地式
电声	T722-1	交流	7	2	
长乐	Ⅰ（Ⅱ、Ⅲ）型	交流混合式		3	
贵州省产品					
乌江	LD-628 型、6D2-1 型	交流	6	2	
双菱	601 型	交流	6	2	
乐声	D-603	交流	6	3	
金鹿	6SC-1 型	交流	6	3	收、唱两用机
云南省产品					
樱花					
	DJ3-1 型	交流	5	3	
山茶	D62A 型	交流	6	2	
蓓蕾	273 型	交流	6	2	
	280 型	交流	6	2	
欣艺	280 型	交流	6	2	
健美	D62-A 型	交流	6	2	
梅花	750 型	交流	6	3	
蓓蕾（欣艺）	376 型	交流	6	3	
陕西省产品					
蝴蝶	7910 型	交流	7	2	
青海省产品					
天鹅		交流	6	2	
蓝天	805-2 型	交流	6	2	
宁夏产品					
驼铃	L621-1 型	交流	6	2	
新疆产品					
孔雀	741 型	交流	6	2	
孔雀	761 型	交流	6	3	
孔雀	791 型	交流	6	3	简易落地式

附录4 哈崇南手稿《一项最即（急）时的设计》

第四机械工业部发文稿纸附页（请隔行书写）

一项最即（急）时的设计
——追忆熊猫牌DB31M2（12"机的设计——

这是一台没有什么使用价值的12"黑白电视机。由于缺乏相应的配件，所以没能付好使用，仅仅表达的外观造型和一些现成的配件组合，留给人们一段耐看而有味的记忆。

记不请是97×年，12"于春归迈春节的时候，714厂原厂长马志康（已调至有电斤任职），突然找到我说：市领导（南市民江冰石）拨给714一批12"黑白显象管，能否在最短时间内，想些设计一种12"机的外壳，不另开发新的模具，来做简易越的。最好能批上在职工美到一台回家过春节，即时，不用花费多，即使一般的黑白电视机也不要这，希能推出来，那便是一件大好事！……

经过思索，我利用现有的已在冲制的大型电视机塑料音窗板，配上一做铭制铭牌提件板（三个功能按扭），显象管都只需一面外木框（可以木制）加上木制外壳，即可成型。内部安装因造尺能经济地适计件组合成了。机后的尾罩未来不及开模具，全部都使今代工，我的冲孔辟接来成，在这样以很有现办行的做法，塑出来，更简便。即连音窗板上银费的塑料熊猫商标，亦是多得机用的零件件。

一批12"黑白电视机生长出来了，在在职工都争关期开地买到一台抢出来尝，多多，12"后产量太多，请开始做模具还是开的。

这台临时"拼凑"设计的电视机造型，日后，更迈了象业内设计界人士的赞赏，整机造型而吉，主题突出，布局保生，有来德国电视机的设计风格（一笑）。

南市 哈崇南 追记 2012-1-3

第　　页

后 记

在此特别感谢我的博导过伟敏教授，是他帮我选择了这个有意义的研究领域，通过长时间的研究和大量文献探索，让我深刻地重新审视了中国工业设计产业艰难的发展历程，即使我已在江南大学工业设计专业求学十多年，却依旧没有通过这几年来对中国家电产业发展的梳理，进而对产品系统设计理论与方法领会得更深。

在大量的实物样本搜集过程中，得到了华南理工大学师生的亲切接待和帮助，我得到了社会各界无线电爱好者大量珍藏的家电图片资料并耐心帮我解答了许多关于家电产品参数的问题；感谢中国收音机博物馆和中国工业博物馆沈瑜教授提供的大量图片和文献资料；感谢民间无线电博物馆星海无线电博物馆提供的大量的国外家电产品比对样本；感谢上海广播电视博物馆提供的许多广播与电台建立与发展的史论资料。感谢原熊猫无线电厂"熊猫1501献礼机"设计者哈崇南老先生的谆谆教导和提供历史资料，感谢无线电专家唐道济老先生给予家电产品方面的悉心指导，感谢上海收音机专家张明律先生的帮助，因为有了你们的帮助，使我对中国家电历史发展脉络历史关键节点有了更为清晰而准确的认知。

本书虽为中华人民共和国成立后1949-1979年期间中国国产家电研究，实则所涉文献资料将近百年，为了比对造型来源更将图片文献资料拓展到世界各国同时期所产家电产品及技术沿革案例。不仅局限于产业界，研究内容还包括了历史事件、科技发展、民俗文化、生活方式等交叉性影响因素，研究过程可谓艰辛。由于我学院为原无锡轻工大学设计学院（现江南大学设计学院）工业设计系，自1966年作为轻工业造型美术系成立伊始，就一直致力于轻工业产品的造型设计与研究，学院在工业产品造型设计方面颇有建树，家电产品研究一直是设计学院研究的重要课题。多年来我耳濡目染前辈们的勤奋敬业，心中总有份责任、有份牵挂，要把前辈工业设计人的艰苦创业历程记载下来，以飨后来人。

艰苦实干、前事莫忘、后事之师。

周敏宁　于梁溪
2018年10月